一"碳"究竟

双碳世界奇遇记

共青团西南财经大学委员会
西南财经大学青年志愿者协会 著

西南财经大学出版社
Southwestern University of Finance & Economics Press

中国·成都

共青团西南财经大学委员会

　　共青团西南财经大学委员会是中国共产党领导的先进青年的群众组织，是西财青年在实践中学习中国特色社会主义和共产主义的学校，是学校党委的助手和后备军，是联系党和青年学生的桥梁和纽带。

西南财经大学青年志愿者协会

　　西南财经大学青年志愿者协会是在共青团西南财经大学委员会指导下开展活动的校级志愿者组织。协会始终秉持"奉献、友爱、互助、进步"的志愿精神，始终践行"大气为人、大智谋事、大爱行天下"的西财青年品格，积极投身社会公益，用青春回报社会。

一"碳"究竟项目组

主编
王偼婷　兰岛

副主编
王襄　张耘瑞

成员
李霖俊　熊凌宇　宋翊萌　刘思睿　杜煦瑒　肖莹　尹毅凡　姚子珏
严宝仪　安康　王雨乐　巴星　曾琪雅　邓伊庭　姜天骏　欧阳璐璐
袁慧琳　赵婧蕾　李卓　李雨珂　李沁仪　李燕杉　廖文洁
龙凤　高羽萱　陈发宇　李恒　宗昱林

人物介绍

噗噗　低碳三人团成员

热爱自然、爱护家园的人类小女孩，十分担忧城市岛日益恶化的环境问题，积极寻求恢复家园的方法。一次偶然的机会，噗噗与碳碳、碳博士相识，组成低碳三人团，正式开启一场在双碳世界的冒险之旅。在旅程中，噗噗不断学习和成长，也渐渐承担起责任，最终通过自己的努力助力城市岛恢复生机，实现了自己的绿色梦想。

碳碳　低碳三人团成员

有勇有谋的碳家族小男孩，对低碳创新具有浓厚的兴趣，是碳博士的得力小助手。他跟随碳博士来到双碳世界，执行拯救家园的计划。

碳博士　低碳三人团成员

碳家族里德高望重的学者，低碳研究领域的专家，拥有许多神奇的发明。为了将研究成果投入实际使用、助力绿色星球建设，碳博士带着碳碳一同前往双碳世界。

碳团子　碳家族成员

以二氧化碳为主的温室气体，是以气体形态存在的碳家族里的重要成员。

电厂老板　城市岛一章主角

城市岛最大的火力发电厂的老板，是唯利是图，只追求经济效益而放弃生态保护的反派。

新能源部长　城市岛一章主角

城市岛的新能源部长，倡导发展绿色能源，追求人与自然的和谐共处。

小林　森林岛一章主角

森林岛的现任村长，一位追赶时代潮流的年轻人。其主导与开发商展开合作，对森林岛进行全力开发，却不想埋下了隐患。

老林　森林岛一章主角

森林岛的前任村长，一位慈祥的老者，热爱家园、奉行传统，恪守保护森林的责任。

圣女　森林岛一章主角

传说中守护森林岛千年的女神。在密林深处，有一棵散发着幽微光芒的参天大树，那里便是圣女所在之处。

木木市长　草原岛一章主角

草原岛地下城的负责人，与碳博士是多年好友，听信无良开发商一面之词，导致草原岛被过度开发、变为荒漠。

北极熊妈妈和小北极熊　冰火岛一章角色

世代居住于冰火岛的熊熊家族成员。因曾经发生的火山爆发，北极熊妈妈对碳团子充满了敌意。

珍珍公主　海洋国一章主角

海洋国最受宠爱的小公主，坚强独立、美丽善良，将臣民从酸酸国的黑暗统治中解救出来，引导家园重建。

贝将军　海洋国一章主角

既是海洋酸化的受害者，也是酸酸国黑暗统治的领头人，为一己私欲不惜破坏海洋环境。

本书中有很多低碳小知识，小读者们，我们一起来思考一下吧！

城市岛现在要建设一个火力发电厂，请你为它选择一个地址。

A.靠近煤炭产地

B.离城市较远的郊外

扫码听一听

如果森林火灾意外发生，有可能是什么原因引起的呢？

A.未彻底熄灭的烟头

B.装有半瓶水的矿泉水瓶

扫码听一听

油田过度开采会引发什么危害呢？

A.地表塌陷

B.动植物数量减少

扫码听一听

火山爆发带来的负面影响有哪些？

A.释放大量有害气体并形成酸雨

B.释放大量二氧化碳形成温室效应,导致局部地区温度升高

扫码听一听

海洋的海岸卫士是谁呢？

A.红树林

B.海草床

扫码听一听

牛和羊的碳排放总量和汽车尾气相比,哪个更多呢？

A.牛和羊

B.汽车尾气

扫码听一听

前　言

　　这本书是一群心怀梦想的大学生，在大中小学思政课一体化的火热实践中探索的新起点。我们很开心，这次探索得到了学校的大力支持。

　　2017年起，西南财经大学校团委和西南财经大学青年志愿者协会围绕"青少年财经素养教育"开启实践探索。我们在实践中学真知、悟真谛，加强磨炼、增长本领，不断汲取经验、优化完善研发内容，形成了基础课程体系，并将课程转化为出版成果，于2019年8月出版了《金融王国的奥秘》。

　　2019年，在习近平总书记"把统筹推进大中小学思政课一体化建设作为一项重要工程"的指示下，我们通过"以专业实践助推大中小学思政课一体化"的育人路径，为西财学子搭建起扎根中国大地、开展火热实践的平台。六年公益之路，我们将晦涩难懂的财经知识转化为游戏式、项目式、体验式的内容，让孩子们沉浸其中去感受、学习和成长。青少年财经素养教育品牌项目荣获第五届中国青年志愿服务项目大赛全国金奖，被共青团中央授予第十三届"中国青年志愿者优秀项目奖"，西南财经大学青少年财经素养教育实践志愿服务团队获得第二十六届"四川青年五四奖章（集体）"。

　　2020年9月，国家主席习近平在第七十五届联合国大会上就中国的碳达峰与碳中和目标做出郑重承诺，全球应对气候变化的热情被重新点燃，中国成为全球低碳实践的创新者、引领者。这也激励着我们思考新的实践方向。经过大量调研和反复论证，我们决定聚焦"绿色经济"。在西南财经大学校团委和西南财经大学青年志愿者协会的带领下，成立一"碳"究竟项目组。面对"双碳"这一充满未来感的话题，我们想要告诉孩子什么是绿色转型、碳交易、国家核证自愿减排量（CCER）、新能源供给消纳体系……通过科普教育帮助他们提升适应未来、创造未来的能力。

写给孩子的"双碳"科普读物应该是什么样的？这一问题没有标准答案，但我们希望自己笔下的故事兼具知识性和趣味性，希望这是一本真的能让青少年儿童"读得下去、学得进去"的书。从双碳世界的故事背景设定、低碳三人团的主角形象创造、章节故事的设计和串联，到知识内容的选用和验证，倾注了每一位项目组成员的大量心血。我们还首次尝试走进录音工作室，为读物录制了配套的科普语音包，在书中扫描二维码即可收听。本书初稿完成之时恰逢 2022 年 6 月 1 日，我们将其作为送给孩子们的儿童节礼物，面向社区、中小学校招募了百余个家庭开展"试读计划"，也正是这次"试读计划"的成功坚定了我们出版本书的信心。

　　经过"千锤百炼"，本书终于呈现在更多读者面前。本书围绕低碳三人团在双碳世界的冒险故事，设计了从城市岛出发，历经森林岛、草原岛、冰火岛、海洋国、哞哞岛，再重返城市岛的路线。希望小读者们能像富有正义感的噗噗一样，通过这次旅程关注到蓝碳、海洋酸化、清洁能源、畜牧业的高碳排、"零碳"电力等前沿话题，在心中埋下关于环保低碳和绿色创想的种子，成长为家园的未来创造者和守护人。

共青团西南财经大学委员会
西南财经大学青年志愿者协会
2023 年 3 月

目录

第七章　重返城市岛

第一章　城市岛启航

怎样进行固碳

灰色的城市岛

"叮铃——叮铃——"

"小噗噗，该起床了……"

听见智能管家的声音，噗噗慢慢从睡梦中苏醒，把脑袋探出被子。"小智，我已经醒了，请关闭闹钟，拉开窗帘。"智能管家收到指令，叮铃叮铃的闹钟声随即便消失了。窗帘一点一点自动拉开，屋里却还是一片昏暗，噗噗看着窗外那被浓雾遮挡的、暗淡的朝阳，失望地叹了口气："唉，今天的城市岛依旧是灰色的。小智，还是请把灯打开吧。"

城市岛是从什么时候变成灰色的呢？

噗噗不知道。

噗噗只知道，在她的记忆里，城市岛一直都是灰蒙蒙的。

不！不对！曾经，城市岛也有蓝天白云、青山绿水，那是在爸爸妈妈珍藏的相册里。噗噗经常跑到爸爸妈妈的房间，痴迷地翻看那本相册。照片上的美丽景色，是噗噗从未亲眼见过的，但她喜欢极了、向往极了。"城市岛绝对不该一直是这副糟糕的模样！"

"噗噗，快出来吃早餐，不然就赶不上班级组织的社会实践活动了。"

噗噗的思绪被妈妈的呼喊声拉回了现实，她赶紧走出卧室。爸爸看见情绪低落的噗噗，走过来摸摸她的头："又在想要改变城市岛了吗？噗噗，这不是你该考虑的事情，况且这也许就是城市发展所要付出的代价。"

听见这话，噗噗气鼓鼓地推开了爸爸的手："不对，不是这样的，肯定有办法的，噗噗一定能找到！"

噗噗匆忙地吃完早餐，背上书包到达集合点与小伙伴们会合。今天，班级组织了一次社会实践活动，老师将带着同学们乘车前往城市岛最大的超级火力发电厂——良心发电厂，去学习良心发电厂是如何运转，从而支持城市岛的经济快速发展的。

噗噗坐在校车上望向窗外，还是只能看到雾霾中大山模糊的轮廓。"同学们，我们今天的目的地是良心发电厂。这是我们岛上最大的发电厂，城市岛的电力几乎都是由它提供的……"老师坐在大巴前排，为同学们介绍着此次社会实践活动的目的地。车里充满孩子们的欢声笑语，可噗噗却提不起任何兴趣。

"老师！老师！"噗噗身旁的女孩高高地举起了手，"这里好荒凉啊，为什么良心发电厂会修建在这么偏僻的地方呢？"

"这个问题问得非常好！这是因为，火力发电厂在发电的时候需要燃烧很多煤炭，为了方便煤炭的运输，发电厂一般都会选择建在偏远的郊外……"老师的回答引起了噗噗的注意，燃烧大量的煤炭，这会是城市岛的天空终日阴沉的原因吗？

左拐右拐，校车终于驶进了发电厂。

没等车停稳，噗噗就按捺不住，贴着窗望向车外的发电厂。眼前的厂房看上去黑乎乎的，厂房外还有几根又高又粗的烟囱，似乎直接伸进了厚厚的黑云里，旁边那又矮又胖的大烟囱正喷着滚滚浓烟。厂房周围也是寸草不生，半点生机也没有。噗噗放眼望去，只有单调的灰、白、黑，给人一种强烈的压抑感。

一下车，一股燥热便向噗噗袭来，她甚至闷得有点喘不过气。

"大家参观时注意跟紧老师，不要掉队哦！"

来不及多想，噗噗赶紧追上大部队，跟着老师一行人一起走进了良心发电厂。

一位工厂管理员带着孩子们穿行在林立的烟囱和错综的管道之间，介绍着工厂里的各种设备。噗噗心不在焉地听着，时不时看向四周。

突然，她看到了一个黑影从烟囱后面一闪而过，那是什么？噗噗趁其他人没有注意，赶紧朝黑影追了过去。

火力发电的原理和危害

初遇碳碳

　　黑影停在了一扇大门前，他的手里好像拿着一个机器，正在不断发出警报声："警报！警报！碳排放量超标！"听清警报的内容，噗噗不禁瞪大了双眼，喃喃自语："这是在测量碳排放量！难道他在……尝试拯救城市岛？！"噗噗看见黑影在迟疑片刻后，伸出手用力地推着门，便赶紧跑了过去："我来帮你！"

　　黑影看见突然出现的噗噗，惊恐地后退了几步："你是谁？和他们是不是一伙的？"

　　噗噗这才看清了黑影的真面目，竟是个和她年龄差不多的小男孩，但仔细打量下来，好像又有哪里不太一样：小男孩皮肤黑黑的，眼睛、头发的颜色也和自己不一样。

　　为了避免误会，噗噗赶紧解释道："你不要害怕，我不是坏人，我叫噗噗，今天跟着老师第一次来这里参观。我刚刚无意间听到了警报内容，想问问你是不是什么秘密组织的成员？你是不是也想要改变城市岛？"

听到这话，小男孩放下了戒备："你叫我碳碳就好，没有什么秘密组织，但我和碳博士的确正在调查各个岛环境恶化的真相，我们想通过自己的努力为这些地方提供力所能及的帮助。"

"各个岛？那是什么？还有碳博士是谁？他也在这里吗？"噗噗只觉得脑袋里多了好多个问号。

"其实我们生活的世界叫双碳世界。这个世界里有很多岛，像草原岛、冰火岛、森林岛……噗噗你所在的城市岛，也是双碳世界里的一个岛。但是，这些岛屿的碳排放量正不断增加，导致这些岛屿的环境越来越差。"

噗噗听见碳碳的话，失落起来："对啊，城市岛也生病了，我们应该治好它，可我不知道应该怎样做。"

碳碳拍拍噗噗的肩膀，鼓励道："别伤心了，一切都还来得及。我和碳博士都是来自微观世界的碳家族成员。碳博士可厉害了，他很早很早之前就关注到碳对环境的影响，并展开了一系列研究。他有很多成果和发明，相信一定能派上用场！"

说着，碳碳指向正在发出警报的机器："这就是其中之一——测碳仪，它能够实时检测周围环境的碳排放情况，并在碳排放量超标时发出警报。"

"那碳博士呢？"噗噗环顾四周，并没有看见其他人的身影。

碳碳叹了口气，回答道："因为我们驾驶的神奇飞车，主要使用的是清洁能源，但城市岛太奇怪了，能源供应几乎完全是依靠火力，没发现清洁能源，所以碳博士先让我带上测碳仪，乘坐城市岛的传统交通工具来调查情况，他找到备用能源后便赶过来……"

"什么声音，谁在那里？"突然，不远处传来了陌生人的声音。

"糟糕，有人来了，我们快躲到煤炭仓库里面去！"噗噗和碳碳合力把大门推开了一条缝隙，赶紧钻了进去。

能源决议书

火力发电厂的选址

哐当！门被大力推开，一个臃肿的男人迈步走了进来。随着男人走进门，碳碳不由自主地堵住了耳朵，噗噗发现了小伙伴的异样，担心地小声询问道："你怎么啦？"

"因为我是碳家族的成员，所以能感受到所有碳的状态，这里真的太吵了。"说着，碳碳递给了噗噗一个耳机形状的东西："戴上它，你就能感受到了。"

噗噗接过机器，刚一戴上，耳边便传来了嘈杂声。"坏蛋！你这个黑心老板！快放我们出去！""你们这些贪婪的家伙，把我们关在这里，就是为了强迫我们没日没夜地燃烧发电！"原来，一看到臃肿男人——电厂老板进来，煤炭们的情绪便被点燃了。

男人检查一圈后，自言自语："没什么问题呀，看来是我过于紧张了啊。好不容易把风能发电厂、太阳能发电站给压制住，控制了城市岛的能源命脉，现在正是良心发电厂大力发展的好时期，可千万不能出问题！"

像突然想到了什么，男人又笑了起来："燃煤发电比新能源发电可便宜太多了！我这样做，大大节约了成本，不仅赚到了更多的钱，还促进了城市岛的经济发展，也算是做了一件好事呀！"

"至于环境嘛，城市岛的居民每天都要使用那么多的电，早已养成了不节约用电的习惯，他们才不关心这些呢。能源部长也大力支持经济的发展！太好了，我的时代就要到了！"

这时碳碳在一旁小声说道："几年前，能源部长颁布了一项有关能源使用的决议书——《关于城市岛发电配额调整的决议》。他认为新能源发电成本较高、发电不稳定，因此必须减少发电份额；而火力发电技术成熟、发电稳定，应该大力支持，以推动经济发展。正是因为这项决议的颁布，让原本规模应该不断扩大的清洁能源发电厂被迫陆续关停，而良心发电厂的发电量，却逐渐占到岛内总发电量的90%以上，城市岛的环境状况也越来越糟糕……"

听到这些话，噗噗攥紧了拳头，身体都不由得气得有些发抖：原来都是因为我们自己对能源的过度使用，因为我们对环境的漠不关心，城市岛才会变成这幅灰暗景象！

"哔哔哔——"突然，测碳仪不合时宜地响了起来。

"谁？谁在那边！"老板听到响动，立马向这边冲过来。

"快跑！"噗噗和碳碳反应迅速，飞快地跑向门口，老板眼见追不上两人，连忙按响了警报器。

一时间，工厂内警笛声四起，一群群工厂员工从四周围了过来。眼看就要被包围了，噗噗和碳碳只好钻进烟囱。从黝黑的烟囱管道的底部向上望去，滚滚浓烟正往外喷着。他们瞬间明白了，原来良心发电厂根本就没有采取任何控制措施，而是任由有害气体直接排放到空中，这简直太可怕了！

但他们来不及多想，一咬牙，爬上了烟囱。

"警报警报！碳排放严重超标！碳排放严重超标！"快接近顶端时，测碳仪疯狂地晃动起来。噗噗感到一阵眩晕："碳碳，我好难受啊，我好像快不行了……"

碳碳只好抱着噗噗坐在烟囱口，看着虚弱的噗噗，又看看聚集在烟囱下的工人们，大喊道："这就是你们想要的结果吗？城市再也看不见晴朗的天空，人们再也不能自由地呼吸！看看，这是人类的孩子，是城市的未来，这么高的二氧化碳浓度，会毁掉他们的健康的！"

话音落下，只余测探仪疯狂的警报声。烟囱顶上，测探仪的红光映照着漫天的黑烟，还有噗噗苍白的脸。工人们沉默了，是他们错了吗？

二氧化碳的中毒与处理方式

推翻良心发电厂

"不要听信他的胡言乱语，这不是我们的错！城市的生活是离不开能源的，这是发展需要付出的代价！"眼看工人们动摇了，电厂老板赶紧狡辩。

"哦？是吗，那你也太无知了吧。"突然，一辆神奇飞车出现在烟囱上空，碳博士带着二氧化碳过滤仪跳了下来。碳博士一身白大褂，有着和碳碳一样黑黑的皮肤，戴着眼镜，沉稳可靠又充满智慧。

"太好了，碳博士，你终于赶来了！你快看看噗噗，她是我新认识的伙伴，她好像二氧化碳中毒了！"

"碳碳，快用神奇飞车把噗噗转移到空气稍微清新一点的地方，这里的空气质量实在太差了。"

碳博士把过滤仪放在了烟囱口，运行了一阵后，从烟囱排出的废气里的二氧化碳浓度在明显地降低。原来，过滤仪可以将二氧化碳从废气中分离，经过压缩后形成固态的二氧化碳。

"看看吧，这就是你们的老板所谓的必需的代价，打压清洁能源的发展、为了降低成本使用不环保的生产手段，把城市岛逐渐变得不适合人类生存。醒醒吧大家，挽救还来得及！"

二氧化碳过滤仪

工人们看着从烟囱排出去的气体不再是可怕的黑色，开始若有所思。

一阵沉默之后，有人开始发声。

"对，我们不能成为历史的罪人！"

"我也有孩子，我不想我的孩子以为天空只有灰色！"

"我们需要新鲜的空气，我想再看见蓝色的天空！"

"就是他，蒙骗我们的黑心老板，快把他抓起来！他应当受到应有的惩罚！"

人群沸腾起来，工人们转变方向，无数双手扑向臃肿的电厂老板。

噗噗苏醒过来之后，碳碳向噗噗讲述了后面发生的一切。听完碳碳的讲述，噗噗开心地笑了起来："我梦里美丽的城市终于要回来了！"

几天后，一则名为《良心发电厂恶意发电，能源部长滥用职权》的报道登上《城市岛日报》的头版头条。一时间，大家明白了"良心"实是"黑心"，能源部长也被免职。各大电视频道、网络媒体争相报道，良心发电厂的工人也接受了采访：

"我们中的很多人，原来都是新能源发电厂的，自从新能源发电厂被查封关闭后，我们为了谋生，不得不来到良心发电厂。我们对黑心老板的伎俩一无所知，现在想想，真是悔恨至极！"

事件持续发酵，城市岛的居民们也逐渐醒悟过来，一味追求经济效益、忽略生态环境所带来的后果有多么严重！

低碳三人团正式成立

"你们可真厉害，是你们拯救了城市岛！"良心发电厂事件之后，噗噗和碳碳成了无话不谈的好朋友，她经常去碳博士与噗噗在城市岛建立的低碳研究所，缠着他们给自己分享低碳知识。

"噗噗，你也很棒，城市岛能发生改变，就是因为有像你这样的、想要保护环境的居民们。"碳博士笑着夸奖噗噗。

这时，电视里传来直播新闻的声音："环保才是硬道理，未来我一定会和大家一起，将城市岛建设成充满绿色和生机的家园！"

"快看，是新上任的能源部长！"噗噗激动地指着电视，"他上任后，就宣布关停岛上所有的火电厂，同时出台了一系列政策来支持新能源发电厂的发展，好多风力发电站、太阳能发电站都建起来了！"

"并且他还邀请了碳博士向公众进行环保宣讲，还采纳了我们的很多建议，用上了碳博士的很多研究成果。"碳碳补充道。

碳博士欣慰地笑了："看到人们纷纷从身边的小事做起，绿色出行、节约用电、植树造林……践行着低碳生活的理念，我相信，城市岛会越来越好的。"

可愉快的交谈还没进行多久，就被一阵急促的警报声打断了。

"警报！警报！森林岛碳排放量超标，环境危机严重，请立即前往！"

"看来，我们要继续前行了。"听到警报声，碳博士摇摇头，叹了口气。

"那……那我可以和你们一起去吗？我也想要为双碳世界的环境保护出一份力！"噗噗急切地举手说道。

碳博士和碳碳惊讶地对视片刻后，异口同声道："噗噗，欢迎你的加入！"

噗噗兴奋地跳了起来，"我们以后就是'低碳三人团'了！"

在与爸爸妈妈告别之后，噗噗随着碳博士、碳碳乘上神奇飞车，踏上了前往森林岛的旅程。前路如何，噗噗不知道，也许有危险，也许有意外，但她知道，这是她作为双碳世界公民，有责任去完成的事情。

"森林岛，我们来了！"

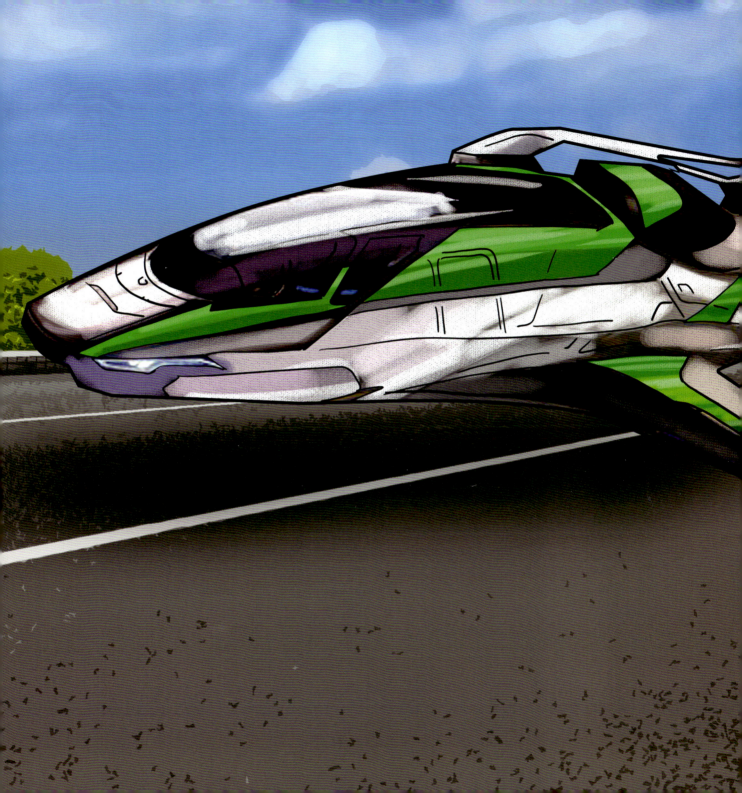

第二章　唤醒森林岛

森林岛消失了

过度砍伐的后果

神奇飞车在天空平稳地行驶着。

突然，"警报警报警报——"神奇飞车发出一阵急促刺耳的警报声。

"看来，咱们快到达森林岛了。"碳博士敲击着仪器键盘，操纵神奇飞车向前方的岛屿靠近。

"森林岛的资料显示，岛上有个刚被开发出来的度假村，备受好评呢。"碳碳看着显示器里播放的新闻，说道。

"等等，那是什么？"噗噗指着屏幕上一个角落—— 一条很久以前的评论写道："传说森林岛沉睡着一位圣女，千年来一直守护着这片土地。圣女拥有一瓶神奇的圣水，可以帮助树苗快速生长。即便是荒芜之地，在圣水的神力下也可以立刻长成苍翠茂林。"

"叮——森林岛已到达。"飞车传来提示音。

"森林岛一定隐藏着什么秘密，是时候去寻找答案了。"在碳博士的带领下，低碳三人团跳下飞车，开启森林岛的冒险之旅。

知了在树上不停叫着，太阳如同一个大火球，炙烤着这片大地。这里的环境很开阔，但滚滚热浪让刚下车的三人感到透不过气来。

"这不是才四月吗，天气怎么这样燥热。"噗噗下意识地用手挡住脸，眼睛眯成了一条缝，脸蛋被毒辣的太阳晒得红彤彤的，不一会儿竟还有点火辣辣的刺痛感。

三人顶着烈日往岛里走。渐渐地，满满绿意映入眼帘——青草鲜花、流水清泉、木屋帐篷……草坪上密密麻麻地散布着游客的露营帐篷和烧烤架，远处的山坡上还有一群小孩子在嬉戏打闹。

除了炎热的天气，这里俨然是一个桃花源，完全不像警报所提示的那样。

"会不会是测碳仪出故障了呢？这里不像是碳排放超标的样子。"噗噗看了看四周，挠挠脑袋怀疑道。

"我们看见的不一定是全部，继续往前走吧。"碳博士回答道。

一座现代化风格的高大建筑逐渐出现在眼前，原来是森林岛度假村的游客服务中心。低碳三人团刚步入大厅，就被一阵争吵声吸引了过去。

"回头是岸呀，孩子！这样做迟早会受到惩罚的！咳咳……"

大厅里，一位胡子花白的老爷爷佝偻着背，怒瞪着面前的年轻人，用拐杖重重地击打着地板。也不知是击打太用力还是太生气，说到最后老爷爷剧烈咳嗽了起来。

"爷爷！您就不要生气了。我都跟您解释了多少次了，我这样做完全是为了村子更好地发展。"年轻人一边轻拍老爷爷的背一边说。

突然一阵手机铃声响起。"等一下，爷爷，真没时间再跟您解释了，贾总打电话过来谈项目了……"年轻人一边说着，一边拿起电话匆匆走开了。

"唉，作孽呀……"老爷爷摇摇头，无奈地长叹一口气。

低碳三人团见状，走上前去。

噗噗率先开了口："老爷爷您好，我们是低碳三人团，我叫噗噗，他们是碳碳和碳博士。我们检测到森林岛有潜在环境危机，所以前来查看，想向您了解一些状况。"

老爷爷对上噗噗真挚的目光，仿佛看见了希望："唉，说来话长，我原本是森林岛的村长老林，刚才离开的年轻人是我的孙子小林。我和族人世世代代都生活在这里，与世隔绝，安居乐业，肩负着'守护森林'的职责。但，但直到——咳咳！"

老林抑制不住激动的情绪，再一次剧烈咳嗽起来。

"林爷爷您不要着急，慢慢说！"在三人的安抚下，老林缓了口气，继续讲道："直到贾总那群开发商的到来，一切就变了。也不知道他们用的是什么花言巧语蒙蔽了村里的年轻人，获得了咱们森林岛的开发权。倘若他们只发展小部分区域，我们也就不计较了。可谁知他们贪得无厌、得寸进尺！先是砍伐了岛屿南边的森林，开发了度假村，渐渐地南边的草坪都被蜂拥而至的游客给踩踏得消失了！结果这群只知道赚钱的黑心开发商完全没有采取任何修复措施，转身就把魔爪伸向另一片区域，现在还要扩张到全岛！这样下去哪里还有森林！森林岛再也不是当初那个生机盎然的森林岛了。"老林望着远方，眼中满是悲伤。

"不好了！着火了！着火了！"

突然，外面一片嘈杂，四处是慌乱逃窜的游客，老林见状，吓得差点晕过去。噗噗急忙扶住老林，他却固执地推开，用拐杖指着门外，喘着粗气："快！先别管我，快去救火！"

低碳三人团赶紧向游客中心外跑去。

炎热的天气，干燥的环境，熊熊大火发疯一般吞噬着山林，只一会儿工夫，大片草木被烧得精光，滚滚浓烟直冲云霄。空气中的氧气渐渐稀薄，灰烬、尘埃纷纷扬扬，人们呛得喘不过气来，惊慌失措，只顾着四散逃离。

正准备去找贾总的小林见状加快步伐，直奔山顶上开发商贾总的办公楼，却发现他们正在准备乘坐直升机逃离森林岛。

"贾总，这时候你们可不能走啊！度假村那边发生了火灾，你们不是有一套应急方案吗？赶紧安排救援队救火啊！"小林立马上前抓住贾总的手，苦苦哀求。

贾总却将他一把推开："这么大的火，怎么可能救得过来！等森林全都被烧没了，火自然会熄灭的。你要是想活命就上来，不逃就赶紧走开！"

"树呢？动物呢？森林岛怎么办！"小林带着哭腔嘶吼道。

"树？这都什么时候了还管树！你自己瞧瞧，随着度假村的建设发展，岛上还剩下几棵树！"贾总猛地关上舱门，直升机轰隆隆地飞离地面。

小林呆呆地站在原地，是啊，一直以来他竟然忽略了那些越来越多的、光秃秃的土地。

看着山下的滚滚浓烟，听着人们绝望的呼救声，小林瘫倒在地，泪流满面，深知自己已然成了森林岛的罪人。

森林火灾的危害

扑灭森林大火

"小林！小林！是你吗？"

耳边传来呼唤声，小林抬头，看见一辆飞车停在面前。

看着小林悔恨的模样，噗噗从车上跳下来劝道："我是噗噗，这是碳碳还有碳博士，我们是低碳三人团。方才我们已经从老村长那里了解到森林岛的情况。现在不是自责的时候，我们应该先抓紧让森林岛度过危机！你快去请求救援队的帮助，我们去起火地控制火势，争取救援时间！"

小林握紧拳头："对！现在还不是绝望的时候！"他赶紧站起来，一边拨打电话一边向山下跑去。

在碳博士的操控下，神奇飞车向山火核心地带驶去。

"是二氧化碳！"碳碳惊呼。

越接近火源，就有越来越多的二氧化碳从火光中飞出来。随着火势加剧，它们将旁边的氧气挤走，密密麻麻，几乎占满了森林。森林中的小兔子、小熊、小松鼠都还没来得及逃离，就被二氧化碳堵住口鼻，晕倒在地。

"快！再多开几个洒水管道！加大水量！"碳博士朝碳碳喊着，指挥他操纵飞车的储水系统。

碳碳急忙将水量开到最大，可山火太大了，这无疑是杯水车薪。

"碳博士，飞车储存的水量根本不够！"碳碳焦头烂额，疯狂地拍打着输水按钮。

"我们去海边运水吧！"噗噗提出建议。

"但这样太浪费时间了，火势蔓延速度太快，灭火速度赶不上燃烧速度呀！"碳碳急得原地打转。

"有了！我们可以用沙土灭火。碳碳，你马上去操作；噗噗，你去联系村民，告诉他们在火焰外围堆积沙土，形成防火带。一内一外联合灭火速度更快！"碳博士镇定地指挥着，"小林召集的救援队应该快到了，我们再撑一会儿吧。"

片刻，救援车辆的鸣笛声传来，小林带着救援队及时赶到，队员们拿着水枪从边缘开始灭火。村民、低碳三人团以及救援队花了好几个小时，终于将大火扑灭。人们拿着洒水器巡视着，消灭余下的火星。

小林蹲在一片废墟里，苍翠的森林仿佛只是幻影，如今的景象令人触目惊心——黑乎乎的焦土、厚厚的灰烬以及噼里啪啦的爆裂声。

赶来的老村长看见小林，抄起拐杖就往他身上打。小林扑通一声跪倒在地，蜷曲着身子，头抵在黑黑的土地上，背脊颤抖着，掩面抽泣。

"看吧，这就是违背祖训的下场！"老林痛苦地闭上了眼睛。

森林的自救行动

圣女的考验

"警报！警报！碳含量严重超标！"神奇飞车的警报再次响起。

"村民们，现在不是悲伤的时候，家园还等着我们重建，让我们振作起来好吗？"低碳三人团将大家召集在一起，商量重建家园的办法。

"林爷爷，我们曾经听说过森林岛圣女的传说，这是真的吗？"

老林叹了一口气，缓缓说道："传说千年来我们之所以免受天灾，就是因为圣女的庇护，而圣女交给我们的使命，就是守护这片森林。可现在，森林岛被破坏成这般模样，我们还有什么脸面去请求圣女的帮助呢！况且，传说终究是传说，世界上哪里有那么多奇迹。"人们都沉默了，这场灾难似乎无解了。

夜色来临，低碳三人团决定不能坐以待毙，不试试怎么知道呢？他们带上小林，坐上神奇飞车驶向小岛深处。越往深处，水雾越浓，突然，一棵散发着幽微光芒的参天大树出现在眼前。直觉告诉他们，这里可能就是圣女居住的地方。

一行人在树前下了车，一同呼唤道："圣女，圣女，请问您在吗？森林岛需要您的帮助！"

"是谁打扰我休息？"圣女的声音从空中飘来，大树上的每一片叶子都浮起点点绿色荧光，这些微小的荧光迅速汇集在一起，凝聚成人形。

"是圣女！"噗噗惊呼道。

萤光凝聚出的女子悬浮在地面上，浑身散发着温柔的绿色光芒。

看见圣女现身，小林急忙开口："求求您，圣女，森林岛刚经历了一场毁灭性的灾难，请您一定帮帮我们。"

圣女轻轻说道："我可以帮助你们恢复森林岛，但这么多年来，我见过太多贪婪的人类，打着保护森林的幌子，实则谋取私利、破坏生态。这让我如何相信你们拯救森林岛的真心？"

"您尽管提要求！我们一定竭力完成！"几人连忙开口。

"好，那就请接受我的考验。"圣女轻轻一挥手，一个水晶球出现了。

圣女说道："这个水晶球里是异度空间，能让你们回到火灾发生之前。你们需要做的，是找出火灾发生的真相。当你们心中有答案后，水晶球便会将你们接回现实世界。若是找不到答案，景象消失后，你们也会回到现实世界。"

森林火灾发生的原因

火灾的真正原因

　　圣女的话音刚落，一道刺眼的光芒闪过，几人下意识闭上了双眼。再次睁开眼睛时，他们已经回到了火灾发生前的那片山林。这次，他们注意到很多细节——满是落叶的草地上停着一辆越野车，旁边一个男人正在搭建烧烤架，年轻的女人抱着孩子，正在看着不远处地上燃放的烟花。距离越野车不远的地方，一个满脸络腮胡的大叔正在接听电话，手指间夹着一支烟，烟灰一点点落下。另一边，许多垃圾散落在垃圾桶周围，其中，一个半空的矿泉水瓶被太阳暴晒着，瓶中的水被照得透出缕缕金光。在靠近住宅区的地方，还能隐隐看到烧树积肥留下的炭痕和黑烟。

　　小林急切地想要拯救森林，他环顾了一遍草地，便根据自己的经验，断定是烧烤的火苗引燃了草地，便立即回到了现实世界；碳碳看见烟花火光四射，很像是罪魁祸首，便一直关注着烟花；噗噗则四处张望，最后决定把视线聚焦到可疑的大叔身上，一直死死盯着大叔手中的烟，心想："这烟头一定是这场大火的根源！"

　　但是，烧烤摊没有起火；烟花也没有引燃草木；大叔呢，挂断电话后，吐出几个烟圈，便转身走向垃圾桶，把烟头丢进了垃圾桶里。烟头处的火星渐渐熄灭，只见几缕余烟消散在空中。

　　噗噗皱起眉头，摸摸后脑勺："不是烟头还会是什么呢？"碳碳也正思索着，突然，一股刺鼻的烧焦味道传来。垃圾桶旁的枯叶已经烧起来了！噗噗和碳碳对视一眼，发现眼前的景象在慢慢消失，他们被拉回了现实世界。

　　"考验失败，你们没能找出引起火灾的真正原因。"圣女的声音再次响起。

　　"刚才是我疏忽了，请您再给我们一次机会吧！"小林跪在地上，向圣女恳求道。

　　"是啊，再给我们一次机会吧……"碳碳也附和道。

　　只有噗噗托着腮，沉默着，好像在思索着什么。

　　"好吧，我破例再给你们最后一次机会，不过这次只能一人前往。"圣女松口。

　　大家你看着我，我看着你，都面露难色。

　　"有了！我有思路了！我去吧，我一定可以找出原因的！"噗噗像是解开了一道数学难题，胸有成竹地拍拍胸脯。

　　"那么请你一定要通过考验，拯救森林岛。"小林双手搭在噗噗的肩膀上，诚恳地说道。小林布满血丝的眼里饱含着感激，又夹杂着忧虑。

　　圣女挥挥手，噗噗再次进入了异度空间。

　　有了第一次的经验，噗噗这次有了清晰的目标，一来就守在垃圾桶旁，注视着垃圾堆。意想不到的事情发生了——阳光透过矿泉水瓶，直直照射着瓶子里的水。

水面折射出一缕金光，在一旁的枯叶上形成一个圆圆的光点。不一会儿，枯叶便自己燃烧了起来。

噗噗心中有了答案，便瞬间离开了异度空间。她向圣女回答道："是枯叶！我亲眼看见它自燃！"

圣女皱皱眉，摇摇头："很遗憾，回答——"

"等等！"碳博士打断道，"噗噗，先不着急下定论，你完整复述一遍你看到的所有画面。"

噗噗把刚刚的经过讲述了一遍，碳博士松了口气，笑着说道："不是烟头，也不是枯叶，是一直被你们忽视的矿泉水瓶！这涉及复杂的聚光原理。装有水的矿泉水瓶倾倒后，水面会形成仿佛放大镜一样的凸透镜，将照射进来的阳光汇聚起来，在易燃的枯叶上形成焦点。长时间的光照使得焦点温度不断升高，一旦达到燃点，就会燃烧……当然，虽然这次火灾是由矿泉水瓶引发的，但其他很多东西也存在着极大的安全隐患，如烧烤、烟花、烟头。即便这次不是因为它们，要是大家不提高防火意识，下次，它们都可能成为起火源。"

原来，这次火灾并不是上天的惩罚，而是人类的自作自受！

"回答正确！看来，你们已经找到了答案，我想，剩下的也不需要我再教你们了。世界上并没有通往捷径的魔法，重建森林岛，应该从现在就开始行动。恢复草坪、栽种树苗，吸取这次灾难的经验教训。做好这些，相信时间会给你们满意的答复……"随着圣女的声音逐渐消散，圣女的身影也化作点点绿色萤光渐渐消逝，只有浓浓的水雾弥漫。

"刚刚是梦吗？"

"不知道，但可以肯定的是，我们引发的灾难，需要依靠我们自己的力量来挽救！就从现在开始！"

低碳三人团看着斗志满满的小林，露出了欣慰的笑容。他们赶紧回到村落，一下车，小林就召集年轻的村民们，开始重建家园的部署。

"原来，是人们的过度开发破坏了环境，导致了森林岛的碳排放超标。又因为人为疏忽，所以引发了这次火灾，加剧了环境恶化程度，不过这也给森林岛的居民敲响了警钟。"

"没错，希望森林岛的居民能吸取这次教训，保护环境、合理发展。"

"我们也是时候前往下一个地方了。"

神奇飞车再次驶向了岛屿上空，低碳三人团隔着车窗向村民们挥手道别，下一段冒险旅程，即将开启……

第三章　恢复草原岛

草原岛大变样

神奇的非洲大草原

　　"我们下一站去哪里呢？"碳碳和噗噗一脸期待地看向窗外。

　　"今天呀，我们的目的地是草原岛。这个地方，我年轻的时候去过一次，可美啦！"碳博士怀念道。

　　"草原岛！那是什么地方？好玩吗？"噗噗好奇地睁大眼睛，疑惑地问道。

　　"当然啦，又美又好玩。"碳博士自顾自地说着，"上一次我去草原岛呀，看到了一望无垠的草原，还有独属于草原岛的瓶子树，那种树由于气候条件，在别的地方可是看不到的。草地与蓝天白云相互映衬，运气好的话，你还能看到豹子猛烈地扑咬猎物，身形魁梧的狒狒在采食野果，黑白相间的斑马在奔跑。还有蒸腾的云雾，葱郁的森林。幸运的是，我还亲眼见过动物大迁徙，成千上万头迁徙的角马向北奔跑，声音震耳欲聋。这次能再去草原岛，我真的很开心！"

　　听了碳博士的讲述之后，噗噗和碳碳更好奇了，只期盼神奇飞车能快快到达。

　　"叮——草原岛已到达。"飞车终于提示到达目的地，三人激动地飞奔下车，然而，映入眼帘的却不是无边的草原，而是光秃秃的沙地，更别说碳博士口中神奇的瓶子树了！现在的草原岛荒无人烟，没有动物，没有村庄，更没有人的身影，只有耳边不断吹过的风，以及风刮过沙地的沙沙声。

　　"怎么会这样？这里真的是我上次来过的草原岛吗？"碳博士震惊极了。

突然，狂风四起，沙石漫天。

"咦？你们看，这里好像有个洞穴？这里为什么会有这样大的一个洞呀？"听到碳博士的叫喊，噗噗和碳碳赶紧跑上前去。

噗噗提议道："现在外面正在刮大风，我们肯定不能待在外面了，不如进去看看。"

碳博士叹了口气："一个人影都没见到，以前的美景变成如今这风沙四起的模样，着实有点奇怪。事到如今，也只能进去看看。"

进入洞穴后，三人在错综复杂的暗道里摸索着前行，但碳博士的定位器在洞内受到了奇怪的磁场干扰，失去了作用。三人团渐渐迷失了方向。

"我好累啊，我们歇一会儿吧。"噗噗走不动了，扑通一声就坐在了地上。突然，这个声响好像触发了什么开关，洞内顿时响起刺耳的警报声。噗噗一下子从地上弹了起来。三人在洞内摸索了一阵，还是找不到开关。正当三人不知所措时，黑黑的洞穴深处出现了两点光亮，两个打着手电巡逻的守卫正向这边跑来。

守卫看见三人，怒斥道："你们是什么人？为什么突然闯入我们的城市？"

低碳三人团惊呆了，原来洞穴里还住着人。所以，这里到底发生了什么？

 地下城奇遇

大量开采石油对环境造成的危害

　　碳碳和噗噗被守卫凶狠的眼神吓住了，不敢吱声。这时碳博士连忙上前解释道："我们是来草原岛探险的，正好遇上了风沙，看见这里有个洞穴，就直接进来了。"

　　"这可不是你们该来的地方，跟着我，我把你们送出去。"其中的一个守卫说道。

　　碳博士状似不经意地问了一句："你们是草原岛的居民吗？那你们认识一位叫木木的人吗？我是他的老朋友。"

　　听到"木木"两个字，守卫放松了警惕："原来你们是木木市长的客人呀，那就跟着我们进城吧，跟紧了哦，不然你们会迷路的。"

　　"进城？这里有城市吗？"噗噗不禁疑惑道。

　　"没错，地下城，草原岛的人类早就搬到地下居住了。进入地下城的密道之所以设计得这么复杂，正是为了提防狡猾的动物，以及窥伺我们圣物的外来者。"

　　"圣物？那是什么……"还来不及细问，低碳三人团看到眼前出现的景象，愣住了。

整个地下区域几乎成了空心状，一个个集装箱式的建筑垒叠着，许多管道穿插其中构成同心圆，隐约可以看到里面流动着暗色的物质。而这些物质就来自地下城的中心——一个巨大的"人造太阳"。这个装置正在不停地往下开采暗色物质，并源源不断地将这些物质通过管道，运输到地下城的各个角落，看起来这些暗色物质就是整个地下城的核心与能量来源。

"这里好像一个巨大的机械工厂！"噗噗不禁感叹道，"这些管道里流动的物质是什么啊，碳博士你知道吗？"

碳博士神色复杂："流动的暗色物质太多了，这里是草原……莫非是石油？"

"石油？"碳碳疑惑了，"石头里怎么有油呢？"

"石油是一种黏稠的深褐色液体，和石头没什么关系啦。"噗噗解释道，"城市岛上也有好多工厂是将石油作为原料或燃料来维持运作的。"

守卫把低碳三人团带到了市长的房前，和守门人解释一番后，守门人征得市长同意，便将他们放了进去。

"老伙计，好久不见！"一见到木木市长，碳博士便熟络地打起了招呼。

"碳博士，真高兴，你又来到草原岛了！"木木市长也热情地起身拥抱。

"可是木木，为什么草原岛发生了这么大的变化呢？我简直快认不出来了。"碳博士直接提出了心中的疑惑。

木木市长有些自豪地解释道："看来你对草原岛的印象还停留在多年以前啊。的确，以前草原岛的生活是原生态的，大家还穿着树叶、麻绳编制的衣服，住着简陋的草屋，可那也太落后了！与别的岛比起来，我们的发展是严重脱节的。"

"可那时你们生活得很幸福，不是吗？而且，城市发展并不是只有一种模式呀！"碳博士表达了不赞同。

木木市长摇摇头，继续说道："几个岛外人到来，他们告诉我们，草原岛上原来有许多叫作石油的圣物，而且埋藏得很浅，我们可以直接开采利用。"市长一说到石油，立刻两眼放光，痴迷地看着管道里流动的液体："石油可以用来制衣、制药、合成橡胶、合成塑料，可以让我们的居民过上幸福美好的生活，而不用再像以前一样狩猎、采摘食物，过艰辛的日子了！我们的部落慢慢发展成了城市。我也凭借引进了石油开采技术顺利地当上了市长。石油真是神赐予我们的宝藏啊！"

噗噗十分疑惑："可是为什么大家现在都住在地下了呢？"

"前年开采圣物时，出了点事故，地表突然塌陷了。但是，我们在清理事故现场的时候发现，开采的钻口越向下石油越多，这可真是因祸得福啊！再加上，不知道为什么，地表气候越来越恶劣，风沙四起，我们干脆就都搬下来了。"木木市长解释道。

"可，可我觉得这好像不是个好主意，这里的生活可真是暗无天日，糟糕极了。"碳碳反驳道。

　　"这不是关键问题，地下城已经是人类的庇护所了，而且这也方便我们继续向下开采圣物。只要有石油，我们的生活就能越来越好！"木木市长坚持道。

　　"你们不该反思一下，为什么地表环境会变得不适宜生存吗……"碳博士的话还没说完，便突然感到一阵眩晕，"发生什么事情了？为什么我感觉在下陷！"

地下城在塌陷

"警报！警报！地下城发生危机，请大家及时前往安全地带躲避！"四周设备发出警报，并且停止了运作，整个地下城陷入一片慌乱。

木木市长赶紧前往地下城中心，碳碳一行人紧随其后。

看见慌忙赶来的市长，开采人员马上汇报发生的状况："木木市长，我们发现，是一群土拨鼠咬断了石油传输系统的主线，我们正在努力抢修。"

木木市长示意他抓紧时间去进行抢修工作，也邀请碳博士一同加入："碳博士，最近这些动物越来越猖狂了，三番五次地派土拨鼠来咬断我们的线路，想阻止我们的发展，真是可恶！你帮我们一起看看，这次应该也没有太大问题吧。"

碳博士三人跟随工人前去仔细检查后，却发现情况并不像木木市长想的那样乐观，他急忙向周围的工人喊道："有危险，不要再抢救了，大家护住头部，赶紧撤离！"

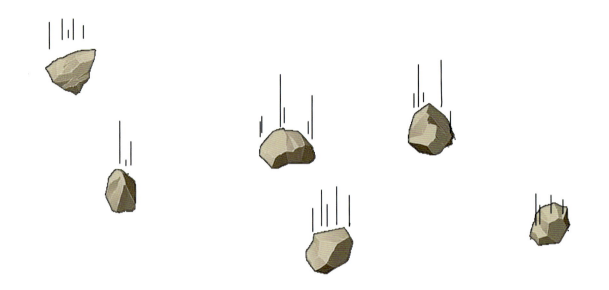

　　同时，他对碳碳和噗噗说道："你们顺着那群土拨鼠逃走的密道，去弄明白动物们要咬断线路的原因。我相信，动物们不会无缘无故与人类作对的。"

　　噗噗早就忍受不了地下城里浓浓的石油气味了，拉上碳碳便钻进了土拨鼠打的地洞里。

　　木木市长发现碳博士在劝阻大家离开，急忙问道："碳博士，发生了什么事情吗？"

　　碳博士看着木木市长，叹了口气："情况很糟糕，并不是线路被咬断这件事情，而是地下城的下面已经因为石油的过度开采，形成空洞了，地下城正面临着大范围塌陷的危险！所有人需要立即撤离！并且，我还检测到，地下城正发生着原油泄漏，污染严重，这里已经不能成为人类的庇护所了！"

　　这时，不远处有人大喊："不好了，不好了，有人被掉落下来的石块砸伤了！"

周围的人都大惊失色，恐慌的情绪开始蔓延。人们发现这次的情况确实与以往截然不同，纷纷扔下手中的抢救工具，听从碳博士的劝告，开始撤离。

地下城里一片混乱，木木市长吓得瘫坐在地上，六神无主地说道："所以，我们该怎么办才好，怎么办才好？"

这时，碳博士的对讲机里传来噗噗和碳碳的声音："碳博士，原来地表还残存着一块绿洲，是动物们的地盘。"

碳博士当机立断："去地表，去动物们的绿洲！也许在那里人类可以暂时躲避这次危机。"

木木市长痛苦地摇着头："不，不，动物们不会接受我们的，我们是敌人。"

看着木木市长异常的反应，碳博士拿着对讲机对噗噗和碳碳说道："我先带大家去地表稳固处暂避，你们调查清楚，人类和动物间到底发生了什么。"

从朋友到敌人

石油的奥秘

接到指示的噗噗和碳碳去往草原岛最后的绿洲。看着聚集在面前的动物们，噗噗和碳碳说明了来意："我们是来草原岛冒险的低碳三人团，却意外发现草原岛变成了现在这幅糟糕的模样。草原岛的人类现在危在旦夕，却不愿向你们求救。我们想知道，这里到底发生了什么？你们还能对人类放下成见，施以援手吗？"

一头狮子走向前来，叹惜道："此事说来话长……你们都能明白，现在的草原岛，情况糟糕透了，可为什么那些人看不清呢。其实多年以前，我们和人类是和谐共生的好朋友。当时的草原岛，真的美丽极了，直到那几个不安好心的岛外人来到这里，噩梦开始了……

"岛外人告诉草原岛的人，这里太落后了，他们生活得太苦了！只要大量开采圣物——石油，大家都能过上好日子。他们教会部落里的人，怎样砍掉瓶子树，怎样破坏草原，怎样挖油钻井、建设工厂。他们甚至说，为了发展，绿色消失了、蓝天不再有了、草原变成沙漠了都没关系，这些是发展必须付出的代价。

"真是荒谬啊！

"我们根本不赞同人类的做法，我们绝不能舍弃世代生存的草原。就这样，动物和人类便站在了对立面。

"随着植被被破坏、工厂不停排污……草原岛的二氧化碳含量越来越高，气候也变得越来越恶劣。直到那一天，地表突然出现了一个大洞，人类仍无悔改之意，还顺势逃到地下，建起了地下城，继续干着过度开采的恶行，我们则选择坚守地表。

"人类搬到地下去，草原岛的地表就安全了吗？怎么可能呢！你们可以随手抓起身边的土壤，凑近鼻子闻闻，扑鼻而来的是一股恶心的汽油味！石油被大量开采和使用，已经导致草原岛的土壤变质发硬了。我们坚守的这最后的一片绿地也已经受到了严重的污染，土壤肥力退化，已经快不适宜我们生存了。

"我们从未想过要伤害人类，也从未真的把他们当作敌人，我们只是想阻止他们的行为，或者说，唤醒他们，让他们不要再继续错下去了！"

听着狮子的叙述，噗噗和碳碳难受极了。而在另一头，通过碳博士的对讲机听到这番言语的人类，都惭愧地低下了头。

草原荒漠化

神奇的绿洲

木木市长缓缓站了起来，通过对讲机对动物们说道："对不起，我真正的朋友们，是我们导致了现在的一切，是我们的错……"说着，木木市长便掩面哭泣起来。

动物们也陷入了沉默，它们的目的达成了，但看到人类现在的处境，它们心里也很难过。终于，狮子开口了："来这里吧，绿洲欢迎你们，我们一起想办法，重建我们的家园。"其他动物也纷纷表示同意，决定派小鸟去给人们领路，带他们来绿洲。

在小鸟的带领下，人类顺利来到绿洲，碳博士也和噗噗、碳碳顺利汇合了。

碳博士蹲下身，用手抓起仅存的绿洲边的一小撮土，凑近一闻，果然一股恶臭袭来。碳博士不由得皱着眉，站了起来，面向木木市长，开口说道："我第一次来这里的时候，脚下的这片土地生机盎然，一眼望去，绿油油的野草在微风中摇曳，一簇簇小野花在草丛中若隐若现，湖泊星罗棋布，水清澈见底，动物生活得安定惬意。而如今，这片土地变成这副样子，你们确实要负很大责任。"

碳博士转头看向野生动物们，点头以示尊重，然后面对着人们继续说道："石油对你们来说，确实是个宝藏，但过度开采则会产生许许多多的危害。在石油开发的过程中，会有钻井、试井、洗井、采油、油气传输等环节。这些环节将会带来地面溢油或原油泄漏的问题，这些油会逐渐渗透进土壤中，影响土壤中微生物的生存，破坏土壤原本的内在结构，增加其中石油类污染物的含量。植物，包括栽种的农作物中，会逐渐积累很多有害成分，食物资源也将锐减，危害所有生物的生存，人类也不例外。过度开采石油还会导致严重的水污染、大气污染！另外，油田建设项目占广，并会增加人类活动，这势必会压缩动物的栖息空间。在这样的情况下，动物们还愿意帮助你们，你们应该好好反省自己。"

"总之，石油过度开发带来的危害巨大，不仅会威胁农作物、植物、动物的生存，最终也必将成为人类健康和生存的一大威胁。"

"那怎么样才能够改善现在的状况呢？"噗噗和碳碳替大家问出了现阶段最关键的问题。

碳博士陷入了沉思，他回忆起曾经学习过的知识，说道："想挽救现在的局面，也不是没有办法。"

碳博士严肃地望向木木市长，说道："你们必须要做出改变了。首先，应该减少油田开发的面积，优化开发方式，降低对土壤环境的污染。其次，你们得多多种植草木，这样既可以美化环境，又能够保护土壤结构。你们还应尤其注重油田开采后地表的修复和绿化，通过回填的方式避免地表塌陷，从而保持地表的平整度。"

木木市长郑重地点点头。过了一小会儿，碳博士又补充道："还有一点需要注意，一定不要打扰动物们的生活，不要影响它们冬眠、筑巢、产卵、迁徙、摄食这类正常的生命活动。"

碳博士长吁一声，说道："这已经是我能想到的最好的办法了。"

木木市长频频点头，并向动物们承诺道："我们一定遵照碳博士的建议，恢复环境！"居民们听到市长这样说，也急忙附和道："是啊，我们一起努力重建家园！"动物们看到了市长和居民们的诚意，也得到了市长的承诺，欣慰地笑了，它们这几年来的心结也终于解开，不由得心生憧憬。

"原来石油的过度开采，对环境有这么多危害。"噗噗不禁感叹。

"所以我们应该在做好环境保护的前提下，对资源进行合理开采和使用。"碳博士总结道，"走吧，孩子们，是时候继续出发了，还有很多地方需要我们。"

第四章　冰火岛共生

冰火共存的奇妙景观

神奇飞车驶到了一座荒芜的岛屿——冰火岛。

这座岛屿与寻常岛屿并不相同，所有来到这座岛屿的人，一定都会震惊于眼前的景象——整座岛屿都被冰和雪覆盖着，白茫茫的一片。冰川之下，有着时刻都可能喷薄而出的火山熔岩，极远的天边耸立着一座巨大的火山。是的，冰川与火山在这片犹如世界尽头的土地上，不可思议地共存着。

冰火共存中，天气每时每刻地变幻着，如蒙着面纱的女郎，让人永远都看不透她的真面目。

透过神奇飞车的车窗，噗噗和碳碳好奇地四处张望着。他们看到了远处的火山，山顶被厚厚的积雪覆盖，锥形轮廓昂立在天地之间，显得神圣与庄严。

这是碳碳第一次见到火山，他眼里闪烁着兴奋的光芒。他急忙拍拍噗噗，呼喊道："哇！噗噗快看！真的是火山，好大的一座火山呀！"

噗噗和碳碳目不转睛地透过车窗远眺着火山，沉浸在喜悦与兴奋之中。

突然，地面开始剧烈地震动，神奇飞车似乎受到了干扰，摇摇欲坠。"发生什么事情了？"噗噗和碳碳难以保持身体平衡，一手努力扒着飞车的车窗沿，一手紧紧握着对方的手，眼底尽是害怕与恐惧。

"飞车的反重力系统要失灵了！你们俩抓稳！"碳博士一边操控飞车，一边大喊。

不一会儿，地面开始塌陷，神奇飞车的下方很快形成一个深不见底的、冒着热气的大洞，飞车终于不受控制地掉落下去……感受到车外温度的急剧上升，碳博士赶紧操作，打开了飞车的高温防护装置。

等飞车逐渐平稳下来，噗噗和碳碳发现飞车几乎是漂浮在一片红色浓稠的液体之上，鲜亮的红色光芒映得噗噗和碳碳脸上一片通红，有些恐怖。

噗噗努力平静下来，谨慎地观察着四周的景象。他们像是身处在一个洞里，周围尽是岩壁，岩壁上的石头形状千奇百怪，颜色却都是一致的红褐色。岩壁一直在熔化，岩浆顺着岩壁不断地向下流。

噗噗恍然大悟："原来，我们差点掉进岩浆里面！幸好有神奇飞车的保护，不然我们现在就是灰烬了。"

碳博士擦了擦汗，说道："刚刚我强行打开了高温防护装置，现在飞车能量较低，我们只能顺着岩浆漂流一会儿。等飞车收集好能量，应该就能恢复正常，好在高温防护装置抵挡岩浆没有问题。"

噗噗和碳碳闻言放下心，趴在车窗上向外张望，发现车窗外漂浮着数不清的小团子。那些小团子好奇地望着他们，像是在问："你们是谁？你们是怎么进来的呀？"

车内温度还在不断升高，噗噗的汗水"啪嗒""啪嗒"直掉。"怎么回事，怎么越来越燥热了？"

碳碳也指着车窗外，惊呼："外面的小团子也越来越多了，嘿！我看见了好多碳家族的成员，是我的朋友们！"

"不过好奇怪啊，他们为什么都抱在一起，努力往上冲呢？"

于是碳碳好奇地问道："你们抱成一团向上移动，是在玩什么有趣的游戏吗？"其中一个小团子说："我们不是在玩游戏，因为里面实在是太热啦，你们不觉得吗？我们听说外面很舒服，所以我们想一起出去凉快凉快，要和我们一起吗？"说着便继续抱团向上漂。

"是火山爆发，这座冰川上的火山要爆发了！我们应该漂到火山口附近了！"碳博士看着四周翻涌的岩浆，沉声道，"好在飞车的能量快集齐了！"

飞车又开始剧烈地摇晃起来，噗噗和碳碳都被晃倒在地。飞车底部的气泡受到大量岩浆的挤压，迅速增多聚集，多到托起了飞车。气泡形成的大量气体推着飞车一起迅速向上冲去。

"太快了！太快了！"碳碳和噗噗害怕地抱在了一起。小团子们却异常激动，他们开心地叫着："太好了！我们可以到外面的世界去看看了，快冲啊！"

从火山口喷出的浓烟形成一股粗大的烟柱，直冲云霄，在高空中，像一把大伞似的张开了。"砰砰砰砰"，从火山喷出的碎石不断砸到冰川上，发出巨大的声响。浓烟还在持续不断地喷涌着，久久难以消散，整个世界仿佛都笼罩在烟尘之下，灰蒙蒙一片。

　　神奇飞车被喷到空中，经过碳博士的检查，终于恢复了正常。噗噗和碳碳稳住身形，迫不及待地望向此时的火山口。火山口里熔化的岩浆火红一片，不断地翻腾、涌动，最后溢出火山口奔流而下。

　　噗噗和碳碳看到如此壮观的景象，惊叹道："好酷！就在刚刚，我们居然经历了一场火山喷发！"

愤怒的北极熊妈妈

火山喷发的原因及危害

　　从火山里被喷出来后，碳博士控制着神奇飞车平稳地落在了远处的冰川上。车门缓缓打开，噗噗和碳碳早已忍不住，想要去看看车外的世界了，他们披上特制的防寒服，迫不及待地冲下了车。

　　紧随其后的，还有一群碳家族的小团子们，他们第一次看见外面的世界，好奇极了，叽叽喳喳吵个不停。

　　碳甲："这里真的太舒服了，你们有谁知道这是哪里吗？"

　　碳乙："不太清楚呢。"

　　碳丙："我听家里的大人说过，这里好像叫……叫冰川？"

　　碳丁："冰川？这就是冰川吗？"

　　碳碳们："没想到地下那么炎热，地上却这么凉爽。"

　　"咦？那是什么！"

　　突然，噗噗、碳碳以及碳团子们，发现前面的小冰块后，躲着一团毛茸茸的雪白身影。"是小北极熊，好可爱！"

　　碳团子们赶紧跑过去，把小北极熊拉了过来，小北极熊害羞地问道："我可以和你们做好朋友吗？我想要和你们一起玩。"

　　"当然可以，我们一起堆雪人吧……"

　　话音未落，一个碳团子脚下的冰面突然裂开了，紧接着整个冰面都开始抖动，大家失去了平衡，跌倒在冰面上。

　　"发生了什么事情？"

　　"快看啊，冰面裂开了！"

　　大家看过去，发现一道长长的裂缝在延展，裂痕越来越近、越来越大，他们脚下的冰正逐渐开始脱离主冰面，成为浮冰。

　　碳博士迅速反应过来："是火山喷发导致了温度迅速上升，冰川在融化！"听到这话，碳团子们集体陷入了恐慌："救命啊！快救救我！"

　　小北极熊也反应过来，大声地呼喊着："妈妈！妈妈！快来救救我。"

　　不远处正在觅食的北极熊妈妈似乎听到了求救声。"是我的孩子！"她赶紧冲了过去。北极熊妈妈看见小北极熊被困在断裂的冰层上，身边还有许许多多的碳团子，愤怒地吼道："又是你们，又是你们这些碳团子！多年前，你们就毁过我的家园，现在还来靠近我的孩子，你们是还想伤害他吗！我绝对不允许你们这样做！"

"哇——妈妈！怎么办，我好害怕！"一看见妈妈，小北极熊忍不住哭出声音来。

听到孩子的哭声，北极熊妈妈没有丝毫犹豫："离我的孩子远一点！"说着便纵身一跃，跳进了冰水里，向小北极熊的方向游过去。

形势不容乐观，低碳三人团、小北极熊和碳团子们所在的冰面彻底脱离主冰面后，持续下沉。"碳博士，有什么办法吗？"

碳博士马上紧急呼叫神奇飞车，让它悬浮在冰面上空。碳博士抓住飞车放下来的绳索，奋力地爬了上去，噗噗和碳碳紧随其后。等三人爬上飞车后，碳博士按下操作键，放出一张大网，把碳团子们一把捞了起来。

另一边，北极熊妈妈也救下了小北极熊，托着小北极熊游回了冰面。

神奇飞车带着碳团子们，降落在了冰面上。看见低碳三人团带着碳团子们走过来，北极熊妈妈赶紧把小北极熊护在身后，眼神里满是敌意。

"你们不要过来，冰火岛不欢迎你们！"

绿色电厂

委屈的碳团子

感受到北极熊妈妈强烈的敌意，碳博士似是想到了什么，慢慢说道："几年前的一天，冰火岛上的冰火山像今天一样，先是冒出浓烈的烟雾，随后红色的岩浆裹着大量的水蒸气从火山口喷涌而出。但那次的情况严重得多。随后的一个月内，冰火山多次喷发，烟尘和蒸气笼罩了整个冰火岛，岩浆放出的巨大热能融化了冰川，火山灰随着大气环流不断蔓延。"

北极熊妈妈惊讶于碳博士的话语："没错，那是一场毁灭性的灾难，我的家园没有了，我和家人们慌乱逃窜，寻找那仅剩的、少得可怜的残冰。我们流浪着，在流浪中等待，在流浪中长大。"她指着碳博士身后的碳团子们，情绪又激动起来："就是它们，火山喷发带来了大量的碳团子，那时候冰火岛上到处都是它们的家族成员，因为它们，温暖持续升高、冰川不断融化，都是它们带来了不幸。"

说着，北极熊妈妈便冲了过来，似乎是想要把碳团子们轰走。

碳博士赶紧起身护住碳团子们，并大声制止道："北极熊妈妈！你冷静一下！

冷静一下！我们有话好好说！"

北极熊妈妈生气地喊道："我跟你们没什么好说的！就是这些碳团子，当年就是因为它们，我们的家园几乎全被破坏了，它们就是坏人！"

碳博士连连道歉，解释道："不是这样的，北极熊妈妈，你听我说。当年的事情确实给冰火岛带来了很大的灾难，但是这并非是碳团子们的本意啊，它们也不希望看到你们这样啊！"

小北极熊也反应过来，劝阻道："妈妈，这些碳团子是我的朋友，我们刚才还一起玩耍呢，它们很友好，我不相信它们是坏人。"

碳博士继续说道："碳团子们的存在，能让我们生存的家园保持稳定的温度，让我们不至于被热死，也不至于被冻死，它们的存在本来是没错的呀！"

北极熊妈妈听到这番话，略微冷静了一些，但还是带着些许责备的语气问："它们的存在没有错，那我们的家园呢，就没有办法救救冰火岛吗？"

碳博士感受到北极熊妈妈的态度缓和了许多，一边带着碳团子们向后退，一边说着："北极熊妈妈，当年火山喷发的事情确实很让人伤心，但请你放心，自从那次事件之后，科学家们就已经在开始研究一种地热发电技术。用这种技术修建的地热发电厂是通过地下深处埋着的热岩来生产'零碳'电力的。有了它，碳团子们就不会再大量地聚集起来，影响冰火岛的大气环境了！"

北极熊妈妈停下脚步，疑惑地问道："地热发电厂？那是什么东西？"

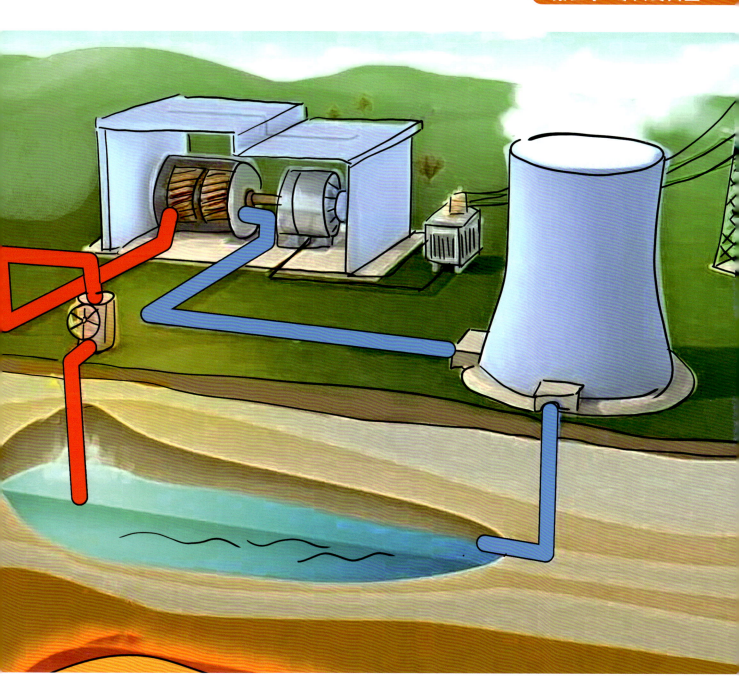

碳博士笑着讲解道："地热发电厂是通过高压把水注入岩石，这些注入的水吸收岩石的热量后再从另外一个口排出。这样不仅可以吸收掉火山喷发产生的二氧化碳，解决过量的二氧化碳导致地表温度迅速升高的问题，还能制造出能源，让冰火岛的生活方式更加绿色环保。"

"这样，就能有效控制冰火岛的大气环境，冰川不会再破裂、生态不会再失衡。尽管这项技术还在发展当中，需要进一步的完善，但是请你相信，现在的碳团子们会有它们发光发热、做出贡献的地方，不会对小北极熊造成一丁点的伤害的！"

北极熊妈妈也终于冷静了下来，她认同地点点头："的确是我偏执了，如果天气太冷我们北极熊也是吃不消的。既然碳团子们的存在本身没有错，那我们需要做的，就是找到可以让碳团子们发挥作用的地方。毕竟这里就是冰火岛，冰川与火山都能共存，我们也应该和碳团子们和谐共生。"

听到北极熊妈妈的话，噗噗、碳碳以及碳团子们开心地跳起来，小北极熊也笑了："那妈妈，我能继续和碳团子们做朋友吗？"

北极熊妈妈慈爱地摸摸小北极熊的脑袋："当然，快去吧，和你的朋友们一起去堆雪人。"

碳博士也满含笑意地望着不远处嬉戏玩闹的孩子们，默默感叹道："希望地热发电技术能越来越完善，也希望碳团子们不要再四散在大气中，造成气温升高、冰川融化，也希望，我们的家园，能永远和谐安乐！"

第五章　解救海洋国

 # 海洋国变酸酸国

海洋酸化的秘密

神奇飞车平稳地行驶在一片海域的上空，突然，测碳仪发出急促的警报声。

碳碳和噗噗透过车窗，看着一望无际的海洋，充满了疑惑："碳博士，这里连陆地都没有，只有海水，怎么会碳排放超标呢？"

"在我们双碳世界的海洋深处有一个海洋国，那里才是真正的深海乐园。我想在那里也许能找到碳排放超标的秘密。"说着，碳博士便打开防水设备，操作着神奇飞车，冲进了海水里。

神奇飞车缓缓着陆在大陆架上，碳碳和噗噗发现自己已身处浅海之中，他们赶紧换好潜水装置，游出了飞车。"哇哦！碳碳，你快看，我们周围有好多珊瑚丛啊！"海底的一切，实在太神奇了！

碳碳揉了揉自己的双眼，感叹道："这些珊瑚好漂亮啊！还有好多小鱼儿在珊瑚丛里捉迷藏呢！"

噗噗和碳碳兴奋地穿梭在珊瑚丛中，海草轻轻抚摸着他们的脸颊，还有水母宝宝，在他们面前欢快地跳着舞蹈。

"哎呦！"噗噗被地面上隆起的一个小土包绊了一下，"是什么？什么东西绊到我了！"

此时，那个小土包突然"咕嘟咕嘟"地冒起了泡，一个蓝色的小脑袋探了出来。

噗噗和碳碳赶紧好奇地围过来："你是谁呀？"

蓝色小团子拍了拍身上的土，自我介绍道："我叫蓝蓝，也是碳家族的一员，我是被固化在海洋里的碳。"

听到这儿，碳博士皱起眉头来，他疑惑地问蓝蓝："你是蓝碳家族的成员？那你不是应该生活在深海的海洋国吗，为什么会跑到浅海海域来？"

蓝蓝突然警觉了起来，环顾四周发现没有异样后，凑到碳博士身边低声说道："嘘，我是逃出来的！已经没有海洋国了，现在只有贝将军统治下的、混乱的酸酸国。"

"什么！酸酸国？"三人惊呼出声。

蓝蓝摇着脑袋，叹气道："原本，我们在海洋国里，平稳快乐地生活着。直到有一天，贝将军发现海洋具有强大的固碳能力，他声称这是海洋国的天然优势，我们可以大量地建造工厂、肆意地发展经济。他四处演讲，告诉大家海洋可以帮助我们吸收二氧化碳，我们可以完全不用考虑环境问题。而且贝将军有一颗神奇的巨蚌，平时只有手掌大，需要的时候能够变得很大很大！不听贝将军话的人都被巨蚌吃下去了！"

碳博士一脸严肃道："海洋吸收二氧化碳的能力是有限的啊！过多的二氧化碳只会导致海洋酸化，破坏生态环境！"

蓝蓝哽咽道："对啊，所以海洋国的环境状况越来越糟糕，而且越来越多的居民被利益蒙蔽了双眼，他们盲目地拥护贝将军，甚至发动了暴乱，刺杀了老国王，还把以珍珍公主为首的环保派秘密关押进了大牢，建立起了酸酸国。现在，已经没有人能够阻止贝将军了……"

低碳三人团心里难受极了，噗噗和碳碳直接将蓝蓝抱进了怀里。

蓝蓝再也憋不住了，委屈地哭出声来："呜呜呜呜呜，我没有家了，我的家园再也回不到从前了，哇——"

噗噗看着大哭的蓝蓝，心疼极了，她转头看向碳博士，询问道："碳博士，你有办法帮帮蓝蓝吗？我们是不是能为海洋国做点什么？"

碳博士想了想，对蓝蓝说："蓝蓝你先别难过，珍珍公主现在在哪里？我们先去解救公主，然后再一起商量对策！"

海草床的秘密

潜入酸酸国大牢

夜里，几个身影悄悄潜入了酸酸国大牢。

守卫已经睡着了，蓝蓝仗着自己身形小巧，偷偷拿走了挂在守卫腰带上的钥匙，"啪嗒"一声打开了牢房的大门。碳博士几人鱼贯而入。

"呜呜呜呜呜……"角落里，一个瘦弱的女孩子正低声哭泣着，她的粉裙子已经脏了，头发乱糟糟的。发现有人来后，她赶紧抹掉脸颊上的泪水，询问道："你们也是被抓进来的吗？"

蓝蓝向公主敬了个礼："公主别怕，我带救兵回来了，他们是来帮助海洋国的，我们快从牢房里逃出去，肯定有办法让海洋国的环境恢复的。"

碳博士一行人把公主护在身后，快步离开了牢房，向浅海方向逃去。但还没过多久便警笛四起。"糟糕！被发现了，快逃！"

"你们逃不掉的，快站住！"原来是贝将军带着守卫追了上来。珍珍公主被关了太久，身体很虚弱，三人团也是第一次到深海，还不适应环境，因此他们根本就不是贝将军的对手，很快就被追上了。

贝将军冲了上来，扔出了巨蚌。巨蚌越变越大，张开大嘴，一下就把碳碳一行人包进了嘴里。

"哈哈哈，你们是逃不掉的！没有人可以阻止我！"贝将军得意地大笑。

落入伸手不见五指的黑暗中，珍珍公主和噗噗都害怕极了，忍不住哭了起来。

冷静的碳博士分析道："别怕，现在不是哭泣的时候，让我想一想……我知道了！海洋国已经发生了严重的海洋酸化！现在的巨蚌不过是个纸老虎，海洋酸化已经让它的壳没有那么坚硬了！快，你们谁有尖锐的东西？我们狠狠扎它，扎破它的壳。"

噗噗抬头一瞥，就看到了珍珍公主头上的金色发簪。

"珍珍公主！快！快用你的发簪扎它！"噗噗大声说道。

珍珍公主赶紧取下发簪，在大家的鼓励下，猛地向下一刺，巨蚌顿时痛得肉都扭曲起来。

珍珍公主一鼓作气，往巨蚌嘴边狠狠扎了几次。巨蚌的壳都破了，不得不张开了嘴，众人赶紧逃了出来。

贝将军和他的手下们没想到巨蚌居然失败了，一下子呆住了，愣在原地。趁此机会，蓝蓝带着珍珍公主以及低碳三人团，躲进了浅海的一片林地中。

 # 海洋国的守护神

海洋国的秘密

摆脱掉贝将军的追捕后，五人累得瘫倒在了地上。

回想这一路他们看到的可怕的景象：横行的变异怪兽、溃败的珊瑚丛、收拢的海岸线……噗噗和碳碳不知所措。"这里原本应该是平静美丽的海洋，如今却变成了这副模样。"

"那我们能不能为这片海洋做点什么呀？碳博士，我们该怎么帮助珍珍公主恢复海洋环境，重建海洋国呢？"

"海洋国之所以变成了酸酸国，就是因为过度的发展破坏了海洋的生态环境、降低了海洋的固碳能力。同时，随着二氧化碳排放量的增加，海水吸收了过量的二氧化碳，进而发生了酸化。所以……"碳博士停顿下来，望向碳碳和噗噗。

两人瞬间明白过来，赶紧抢答道："所以，我们需要帮助海洋恢复生态，提高固碳能力！""还要减少二氧化碳的排放！"

碳博士欣慰地点点头："看来这段时间的经历，已经让你们成长了很多，没错，这就是拯救海洋国的办法。"

"可具体要怎么做呢？"碳碳追问道。

"你们看看四周，答案就在眼前了。"

大家这才注意到，自己身处一片生长在水里的树林中，树木盘根错节，根部深扎在水底土壤里，树叶郁郁葱葱。

"这里好像是红树林，我听父亲提起过。红树林是海洋国的守护神，它有很重要的作用，但贝将军的所作所为，让红树林的数量急剧减少了。"珍珍公主抚摸着身旁的大树，悲伤道。

"没错，这里就是红树林，可别小瞧了它，这些红树林有极其强大的固碳作用，其固碳能力是普通雨林的 6 倍不止。我们要扩大红树林的种植面积，这样，二氧化碳就能被红树林固定住，就不会被吸收进海水里了，这能极大地帮助海洋国恢复环境。"碳博士进一步解释道。

突然，一把小剑一样的东西掉下来，插入了土壤中，碳博士将它捡起来，感叹道："这就是红树林的种子，这就是重建海洋国的希望。"

"那碳博士，还有其他办法吗？"噗噗问道。

珍珍公主灵机一动，大声说道："我知道，我知道！还有海草床，以前海洋国的海草床可茂密了，不过随着环境的恶化，现在也只剩下几片稀稀疏疏的海草，但海草床确实在改善海水质量方面发挥着重要作用！"

　　"所以，找到了提高海洋固碳能力的方法之后，下一步，我们需要做的，就是呼吁大家停止过度开发的行为，控制二氧化碳的排放量。"碳博士提出了下一阶段的计划。

　　珍珍公主失望地摇着头："不行的，大家根本就不会听我们的，我们也根本不是贝将军的对手。"

　　碳博士却笑了："不要太悲观了，如果我的猜想没错的话，现在的酸酸国，应该已经陷入恐慌之中了。"

重建海洋国

神奇的红树林

在碳博士的鼓励下，众人重拾勇气，回到了深海。

远远望去，竟看见到处都是在悲泣、哭喊的居民，噗噗和碳碳赶紧跑上前去，拦住一个海螺姑娘询问道："请问一下，这里发生了什么事情吗？"

海螺姑娘擦了擦眼角的泪水，哽咽着回答道："是天灾！是报应！酸酸国突发了流行病，大家的身体越来越弱，我们已经失去很多伙伴了，到底该怎么办才好？"

珍珍公主走上前来，抱住了海螺姑娘："别怕，我回来了，我一定会和大家一起渡过这次难关的！"

海螺姑娘看清来人，惊讶地捂住了嘴："公主！是珍珍公主吗？您终于出现了。"

珍珍将这段时间被贝将军秘密关押以及逃亡的经历都告诉了海螺姑娘，并总结道："所以，这些并不是偶然的，是过度开发导致的，海洋的酸化也会直接影响居民们的身体健康。"

听完这些的海螺姑娘陷入了深思，片刻后，她抬起头，郑重地说道："我想，我也可以出一份力，快跟我来。"

原来，海螺姑娘是海洋国最大电视台的王牌记者。她带着珍珍公主、蓝蓝以及低碳三人团来到了演播厅。"这是最高效的办法，直接通过新闻直播，把真相告诉大家，我想，现在的他们一定能听进去，会醒悟的。"

珍珍公主看着递过来的话筒，心想：对，我是海洋国的公主，我有责任接过父亲的重担，带领海洋国的居民们重建家园！珍珍公主一把接过话筒，深吸一口气，站在了摄像机前："海洋国的子民们，我是珍珍公主，我回来了，我有些重要的话，想要讲给你们听。"

海洋国的电子屏幕纷纷出现了珍珍公主的身影。当公主温柔的声音传出，人群瞬间安静下来，大家纷纷驻足，看向屏幕。

"这一切灾难的始作俑者，其实是我们自己，是我们听信了贝将军的谎言，过度发展，破坏生态，释放了大量的二氧化碳，以至于海洋出现酸化，环境也变得越来越糟糕，最终也反噬了我们自己——我们的健康状况越来越差。我知道大家现在已经身处痛苦之中，但我们不要失去希望，我们要一起帮助海洋国恢复美丽，好吗？"

城市陷入了寂静。

突然，演播厅的门外传来脚步声，是贝将军带着手下来了，他们重重地撞击着大门："快开门！我知道你们在里面，不要试图散播谣言。"

一阵嘈杂之后，直播信号中断了，居民们看着黑掉的屏幕，意识到了什么。人群沸腾起来："快去电视台，快！珍珍公主有危险，我们得去保护我们的公主！"

几天后，珍珍公主继位成为海洋国的新一任领导者。她宣布重建海洋国，同时颁布了新的法条——废弃污染严重的工厂，合理开发，重新种植、保护红树林和海草床……

之后，珍珍公主在蓝蓝的陪同下，在浅海的红树林里为低碳三人团送行，暖阳透过交错的树根，照在众人的身上，舒服极了。

"幸好那天居民们及时赶到，不然我们就又要被贝将军捉住了。"噗噗现在想起当日的情形，都还有些后怕。

"珍珍公主，相信在你的带领下，海洋国一定很快就会恢复的。"碳碳感叹道。

"珍珍公主，我舍不得你。"噗噗亲昵地抱住了珍珍公主，"我也希望海洋国快快变美丽，所以即使我身处远方的城市岛，也会为此努力的。"

珍珍公主惊讶地看着噗噗，噗噗骄傲地说道："我请教过碳博士了，虽然我们身处陆地，但也能为海洋固碳做很多很多事情，不乱扔垃圾、不污染水源、减少二氧化碳的排放，倡导低碳生活，这些都是我们力所能及的事情。"

　　碳博士欣慰地点点头："没错，身处陆地的我们，也能保护生态，践行低碳生活，很多日常不起眼的小事，都能为海洋固碳事业添砖加瓦。好了，时间不早了，我们就先离开了。"

　　噗噗和碳碳依依不舍地跟着碳博士登上了神奇飞车。"再见！珍珍公主，我会想你的，等有空了，我们一定回来重游美丽的海洋国！"

　　神奇飞车驶向了天空，三人团也即将开启下一段旅程。下一站，会是哪里呢？

第六章　趣探哞哞岛

哞哞岛之谜

畜牧业碳排放的奥秘

碳博士正拿着一大沓资料，认真翻阅。

"这些是什么呀？"碳碳探头过来，好奇地问道。

碳博士耐心地解释道："这些是各个岛近些年的碳排放量数据，最近到了汇总数据的时候，所以我拿出来整理一下。"

噗噗也凑过来："需要我们帮你吗？我们俩会整理得很快的！"噗噗和碳碳自信地击掌。

"看你们这样有信心，那就帮我先看看这些吧，有不懂的地方欢迎随时提问。"碳博士笑了笑，挑了一些文件交给噗噗和碳碳。

噗噗和碳碳接过文件，仔细地查看着各个岛的数据，研究着碳排放量的波动情况。

"咦？"碳碳突然皱起了眉头："为什么哞哞岛的碳排放量这么高呀？"说着便把数据清单递给噗噗。

"真的呀，连续几年的数据都偏高。"噗噗也十分疑惑，便向碳博士请教，"碳博士，哞哞岛碳排放量多年偏高，为什么神奇飞车从未发出警报呢？"

"哞哞岛的碳排放量虽然偏高，但还保持在正常范围内。"碳博士显然清楚哞哞岛的情况，头也没抬，一直整理着手里的材料，不紧不慢地说道，"哞哞岛的问题需要很长的时间来处理，我们一时半会儿也改变不了。"

这句话激发了噗噗的好奇心："哞哞岛究竟有什么问题呀？也许我们可以试试，经过了这么多次冒险，相信我们能做到的！"噗噗信心十足地拍拍胸脯，碳碳也积极地点点头，期待地望着碳博士。

碳博士想了想："好吧，你们也跟着我学了这么多知识了，这次的调查就当作给你们的小考验吧！"

"太好了！"噗噗对于这个到手的新任务十分激动，"我们先去看看它有什么问题吧！"

"神奇飞车，去哞哞岛！"碳碳兴奋地指挥起来。

神奇飞车接到指令，向哞哞岛驶去，噗噗和碳碳也赶紧收集起哞哞岛的资料。

一段时间过后，神奇飞车缓缓停在哞哞岛城镇上空。

噗噗和碳碳迫不及待地趴在车窗上向外看去，环顾四周，好像并没有出现什么环境问题。但很特别的是，这里到处都是关于牛的广告——高钙牛奶、筋道正宗的牛肉干、舒适耐用的牛皮鞋……

"看着没什么环境问题呀，为什么碳排放量会常年偏高呀？"噗噗不解地问。

碳碳抢着回答："碳博士教过我们，要透过现象看本质，表面看似和谐，说不定隐藏着巨大的危机。"

　　碳博士欣慰地笑着，满意地点了点头。

　　"既然哞哞岛上都是和牛有关的产品，那这里应该饲养了很多牛吧！会不会和一些光秃秃的草原一样，存在过度放牧、破坏植被的问题？"噗噗灵光一现，大声地说出自己的想法。

　　"嗯，噗噗观察得很仔细。哞哞岛的确是以牛为生，但到底存不存在过度放牧，就需要你们去寻找答案了。"碳博士说着，笑呵呵地摸了摸噗噗的脑袋。

　　"那我们一起到牧场看一下吧，去验证咱们的猜想到底对不对。"碳碳说。

牧场探秘

　　不一会儿，神奇飞车就到达了牧场，噗噗和碳碳兴奋地从车上冲下来，迫不及待想要去证实自己的观点。然而，现实却和他们的想象截然不同。

　　这里遍地是青青的小草，一片生机勃勃，根本不是过度放牧的荒凉景象。

　　看着眼前的景象，噗噗和碳碳目瞪口呆。

　　"怎么会这样呢？这里看起来并没有过度放牧的问题呀！"碳碳惊讶地嘟囔着。

　　"对啊，不过我们不能只看表面，所以还是先找牧场主了解下情况吧。"噗噗想起碳博士的教诲，拍了拍碳碳的肩。

　　碳博士在一旁微笑着，看来经过前几次冒险，两个小朋友都成长了很多。

　　碳碳和噗噗一路上打打闹闹，很快就到达了牧场主的屋子。

　　噗噗抬手敲门："你好，请问有人在吗？我们是低碳三人团，有些问题想请教一下。"

　　门开了，一个矮矮胖胖的男人走了出来，看见噗噗，低头笑眯眯地问："小朋友，你有什么问题呀？"

"我们想问……"噗噗刚要说出真实意图，就被碳碳拉住了。

"叔叔您好，我们是来哞哞岛游玩的，可以参观一下您的牧场吗？"碳碳隐藏了他们的想法。

"当然可以，我带着你们去吧。"男人热情地说。

"我们为什么不直接说呀？"噗噗在后面悄悄地询问碳碳。

"如果他是坏人的话，肯定不会告诉我们真相的，你忘记我们在城市岛的经历了吗？"碳碳向噗噗眨眨眼。

"原来如此，那我们现在只要观察他们是怎样饲养小牛的，应该就能得到答案了吧！"噗噗若有所思，加紧了步伐。

三人团跟着牧场主在牧场里漫步，噗噗和碳碳四处打量，试图寻找异常的地方。他们发现，这里的牛都被关在牛棚里。

"叔叔，你们的牛一直是被圈养在牛棚里的吗？"噗噗好奇道。

"大部分时间是在牛棚，不过我们会在固定的时间把它们分批放到牧场。如果随意在草原上牧牛，对环境的破坏会很大。"男人推推眼镜，认真回答道。

噗噗和碳碳对视两眼，心中暗暗想："看来，哞哞岛碳排放量高的原因，不是过度放牧。"

正思索着，男人突然开口道："小朋友们，前面就是我们的饲料制造间，不过里面灰尘很多，我们就别进去了。"

"好的，谢谢叔叔，那我们先离开了，麻烦您啦！"噗噗礼貌地说。

三人团慢慢走出牧场，噗噗在离开前瞥了饲料制造间几眼，在心中埋下了疑问。

"不是因为过度放牧，那会是什么呢？"噗噗焦急地跺着脚。

"结合已知的信息好好想一下，不要放过任何细节！"碳博士提示道。

"博士博士，我知道了！一定是和海洋国一样，是工厂！是饲料制造工厂的生产导致碳排放量偏高的吧？"碳碳双手一拍，激动地叫道。

"光推测还不够，要主动实践探索，用事实证明自己的猜测。既然怀疑，不如立即行动。走吧，我们一起去饲料制造工厂看看！"

神奇飞车出故障了

什么是反刍动物

　　低碳三人团悄悄返回饲料制造间，这里没有滚滚浓烟，也没有成群结队的二氧化碳，和之前那些污染严重的工厂完全不同。

　　"会不会是饲料制造的过程有问题？"碳碳猜测。

　　"如果是这样的话，想要找出真实原因，就得进到机器内部看看。可我们怎么进去呢？"噗噗抿抿嘴，一脸为难。

　　噗噗和碳碳陷入了沉思，原先闹腾的两人瞬间安静了下来。

　　良久后，噗噗灵光一闪，突然开口道："神奇飞车有变大变小的功能，我们可以把神奇飞车变小了混进草料里！"

　　"真是个好办法！我去操作！"碳碳听到噗噗的话，兴奋地跑回驾驶室，噗噗和碳博士也跟着上了车。

　　没多久，噗噗就感觉到了变化。

先是身体不断缩小，接着神奇飞车也开始变小了。窗外的树木，变得像高楼大厦似的。而那些原本被轧在车底的小草，逐渐挡住了窗户的视野，先是草叶尖尖，然后是叶片，直到窗户一点一点被绿色覆盖。

"我变小了！碳博士你看见没有，我变得好小了！"噗噗兴奋地抓着碳博士的手蹦蹦跳跳。

碳博士一脸慈爱地摸摸噗噗的脑袋。

"我已经设置好了目的地，神奇飞车会自动驾驶到草垛上，我们马上可以调查饲料厂的秘密啦！"碳碳眼里放光，激动地说着。

神奇飞车平稳停靠在草垛上。刚停下没多久，三人团就感到一阵摇晃。

碳博士安抚噗噗和碳碳："这是正常的，草垛正在被工人运输，所以会轻微晃荡。"

透过窗户上的小草缝隙，他们隐隐约约看见藏身的草垛已经被送至饲料厂的传送带上。

突然，神奇飞车被翻转过来，噗噗和碳碳都感到晕乎乎的。

接着，随着一声巨响，一朵巨大的水花"啪"地打到神奇飞车的窗户上。

"我猜现在是在清洗草料吧？"碳碳扒着窗户，努力辨认窗外的场景。

"应该是了，刚刚那声巨响应该是草垛掉进水里的声音。"噗噗指着窗户上的水纹说道。

不知道在水里被涮了多久，神奇飞车总算被打捞上了岸。

随即，三人团迎面感受到一阵热浪正猛烈地袭来。

"是烘干机！我们在烘干机里！碳碳快去打开恒温系统！"看着脸涨得通红的噗噗，碳博士朝碳碳着急地说道。

恒温系统打开后，噗噗的脸色才渐渐恢复过来。

噗噗的情况刚变好，三人团又被卷入危险境地。

原来装着"铁齿铜牙"的机器开始轰隆隆地切割草料，眼看神奇飞车就要被送到锯轮底下了！

"啊——"噗噗和碳碳吓得眼睛瞪得溜圆，张大嘴巴尖叫着。

"坐好了！"碳博士一个箭步冲到操纵盘前，紧闭着嘴唇，迅速扭转方向盘。在碳博士的急救下，神奇飞车如同过山车，灵活穿梭在旋转的齿轮间，成功穿过了机器，总算逃过一劫。碳博士倚着方向盘，歇了口气，拂去额头细密的汗珠。

"呼——吓死我了！刚刚我还以为我们快没命了！"碳碳瘫坐在地上。

"可不嘛！幸好幸好。"噗噗喘着气，拍拍自己的胸口，"多亏碳博士反应快！"

三人团终于有惊无险地来到了草料混合阶段，但经过这么多步骤，噗噗和碳碳都没发现草料制作有哪里不合规，神奇飞车也没有发出警报。

难道问题并不是出现在草料上？

噗噗和碳碳都埋头思索着，碳博士看他们这么认真，嘴角不禁微微上扬，心想："倒也像小研究员了呢！"正当三人团认真思考的时候，"轰"的一声，吓得碳碳和噗噗差点从座位上跳起来。

"这是怎么了呀？"三人疑惑着。

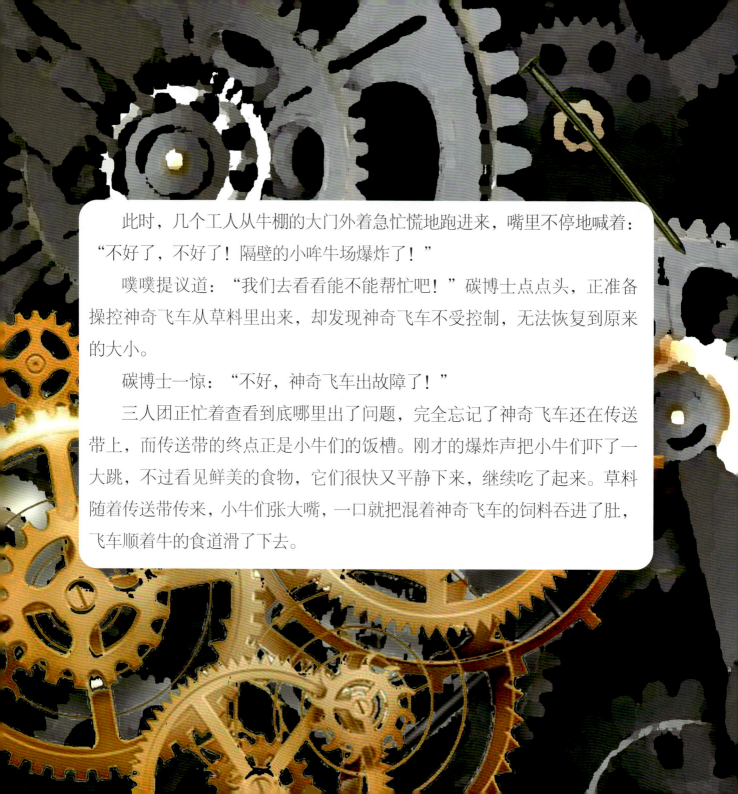

　　此时，几个工人从牛棚的大门外着急忙慌地跑进来，嘴里不停地喊着："不好了，不好了！隔壁的小哞牛场爆炸了！"

　　噗噗提议道："我们去看看能不能帮忙吧！"碳博士点点头，正准备操控神奇飞车从草料里出来，却发现神奇飞车不受控制，无法恢复到原来的大小。

　　碳博士一惊："不好，神奇飞车出故障了！"

　　三人团正忙着查看到底哪里出了问题，完全忘记了神奇飞车还在传送带上，而传送带的终点正是小牛们的饭槽。刚才的爆炸声把小牛们吓了一大跳，不过看见鲜美的食物，它们很快又平静下来，继续吃了起来。草料随着传送带传来，小牛们张大嘴，一口就把混着神奇飞车的饲料吞进了肚，飞车顺着牛的食道滑了下去。

牛胃奇旅

牛的四个胃

"啊啊啊啊——"从食道骤然滑入牛胃的失重感让噗噗和碳碳发出惊恐的叫声。

"别害怕,有我在呢。"碳博士非常镇定,缓缓说道,"就是不知道小哞牛场到底怎么样了……"

在碳博士的安抚下,碳碳和噗噗平静下来,一边嘟囔着牛场奇怪的爆炸,一边又好奇地四处张望着。

碳博士打开前照灯,他们正随着草料,在一个长长的通道中往下滑,仿佛没有尽头。

"我们难道不应该在牛的嘴里被嚼碎吗,为什么直接进肚子了呢?"碳碳不解道。

"牛是一种反刍动物,它们可是有四个胃哦!反刍是说小牛们在吃东西的时候不会一口气全部吃掉,而是会先把食物存放在一个胃中,等它们闲下来了,再将这些食物吐回嘴里,慢慢嚼。"碳博士解释道。

"四个胃?牛竟然有四个胃!"碳碳和噗噗惊讶得嘴张大成"O"形。

"看吧，我们现在即将进入牛的第一个胃——瘤胃。"碳博士指着前方，"抓稳了哟！"

"嘣！"神奇飞车掉进了一滩黏糊糊的液体中。液体很浅，只刚刚没过神奇飞车底部，起到了一定的缓冲作用，但噗噗一行人还是没能站稳。噗噗摔了一个跟头，挣扎着站起来，愁眉苦脸地拍拍裤子，正想抱怨，突然，神奇飞车响起了尖锐的警报——温室气体含量严重超标！噗噗很敏锐地意识到了这一点。难道是因为牛特别的消化方式导致了哞哞岛的碳排放量居高不下吗？

碳博士开口："牛是反刍动物中排放温室气体最多的，而我们又恰恰在瘤胃中！这里温室气体含量极高，所以神奇飞车才发出警报。"

碳碳被窗外的景象吸引了，忘记了外面的爆炸。在这样一个乌烟瘴气的环境下，一大群圆滚滚、黑不溜秋的小团子，正忙着将进入的草料整齐地堆叠起来。还有一些黑色小团子，有的在草料附近悠闲地四处溜达；有的跳上草料，将大块的草料切割成小块，并塞进胸前发着幽幽荧光的小盒子里。草料刚被塞进盒子，盒子缝隙中便冒出几个透明泡泡。泡泡们左看看、右瞧瞧，仿佛在窥探外面的世界。

"那些黑色小团子是微生物吧！它们在分解那些草料！那些透明泡泡是甲烷！"碳碳兴奋地贴在窗户上，指着那几个透明泡泡喊道。

紧接着，这些透明的小泡泡一个接一个，咕噜噜地从黑团子身前的盒子里挤了出来。这些透明泡泡外形大致相似，但还是存在细微的差别。

"这是二氧化碳吧！"噗噗指着一个飞得更高的透明泡泡说道。

"是的！是二氧化碳！"碳碳激动地朝它挥挥手。二氧化碳泡泡看见碳碳在招手，也飞过来打招呼。它屁股后面还粘着一个小泡泡，碳碳仔细瞧了瞧，笑道："这里还有氨呢！"

泡泡们缓缓往上方飘去。这时突然出现一些白色的小团子，像是护城卫士，它们一把逮住这些到处乱飞的泡泡，将它们装在胸前的盒子里，合成一些营养物质。然后走到胃壁上的一个洞口前，把营养物质拿出来推进洞口，整个动作一气呵成。

"哇！这里好像一个大工厂！这些白色小团子就像是工厂里的工人！"噗噗大叫。

"对！它们也是瘤胃中的微生物，跟那些黑色小团子一样，负责消化饲料，合成营养物质。看到瘤胃胃壁上的小孔了吗？这些小孔一收一缩，就能把黑色小团子和白色小团子合成的营养物质吸收到牛体内了。"碳博士解释道。

突然，牛胃一阵晃动，正认真工作的微生物们一哄而散，赶紧躲进了胃壁旁的小孔中。震动却没有停止的意思，反而越抖越剧烈，胃壁也紧紧收缩起来。

"啊——怎么回事！"噗噗想起了刚刚的爆炸，吓得脸都青了。

"碳碳，快驾驶神奇飞车吸附在胃壁上！"碳博士仍然很镇定。

"好！"碳碳坐在驾驶位上，努力地转动着方向盘。

神奇飞车甩出四只带着吸盘的机械脚，如同扔飞镖一般"啪"地吸在胃壁上，一下子把飞车从液体里拉起来。机械脚不断收缩，最后神奇飞车也紧紧吸附在了胃壁上。

随着一阵一阵的抖动和食道口的强力收缩，那些本来堆放得整整齐齐的草料瞬间被吸进了食道中。

"这就是反刍，那些草料现在返回了牛嘴里，应该正在被咀嚼吧。"碳博士说道。

一切归于平静后，小团子们再次从小孔中爬出来，继续工作着。神奇飞车缓缓地重新降落。

"呼！要是我们晚一步，就也被咀嚼了呢！"噗噗长舒了一口气，松开了紧皱的眉头。"对了！我们得赶紧想办法出去！外面应该很需要我们的帮助……"

"哗啦啦——"突如其来的声音打断了噗噗的话。

一堆绿色的碎屑顺着食道滑了下来，将神奇飞车埋在底下。

"哇！这又是怎么回事！"噗噗眉头又紧皱在了一起。

"这当然是牛再次咀嚼之后的草料呀……"

还没等碳博士继续说完，神奇飞车仿佛被一股巨大的力量推动着，在一片黑暗中前进。

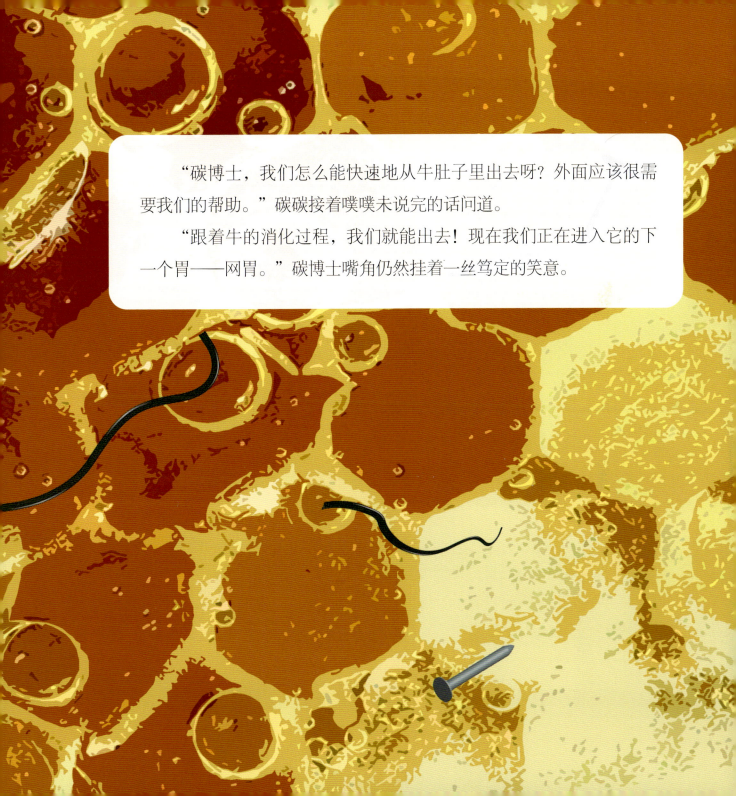

　　"碳博士，我们怎么能快速地从牛肚子里出去呀？外面应该很需要我们的帮助。"碳碳接着噗噗未说完的话问道。

　　"跟着牛的消化过程，我们就能出去！现在我们正在进入它的下一个胃——网胃。"碳博士嘴角仍然挂着一丝笃定的笑意。

"是被牛排泄出去吗？"噗噗心想，虽然她很想快点出去帮忙，但内心还是有点抗拒这样的方式。噗噗只好屏住呼吸看向窗外，外面是一片红红的、像蜂窝一样的胃壁。

碳博士面朝窗外道："我们已经到达牛的网胃啦，正如它的名字一样，网胃的胃壁就像一张渔网，有很多孔。它的用处可大着呢！它可以帮牛把草料中的异物过滤出去。"

碳碳拍了拍噗噗："快看！"

噗噗转过头，果然，神奇飞车的旁边漂浮着过滤下来的钉子和细细的铁丝。

"这么神奇，没想到这网竟然这么有用！"噗噗话音刚落，神奇飞车又被一股力量推向前去，这回噗噗和碳碳已经不再大惊小怪了。

经过了一小阵颠簸，神奇飞车再次平稳地运行起来。这回来到的，是一个比之前更加宽阔的空间。碳碳和噗噗正好奇地观察着，碳博士的声音突然变得严肃起来："我们到牛的瓣胃了，这里可不好过，它是用来吸收水分，然后把草料挤压磨碎的地方，我们得赶快出去！"

一听这话，噗噗内心又紧张起来，她抓住碳碳的手，紧张地看着碳博士操控着神奇飞车。神奇飞车混在草料中艰难地前行，身边的草料不断地被吸干、粉碎。

终于，在碳博士的控制下，他们逃出险境，碳博士擦了擦汗："马上就到最后一个地方了，那个地方叫皱胃，它是牛的第四个胃。"

噗噗看向窗外——伴随着草料的，还有那些小团子一样的微生物，它们挤在一起谁也不让谁，好像要去寻宝一样，迫不及待地往前走。

没过一会儿，神奇飞车就停在了一个充满液体的巨大空间里，碳碳指着液体中漂浮着的不明物，问道："那个像链条一样的东西是什么呀？"

碳博士回答道："这就是牛胃中的消化酶，我们正漂在消化液里呢！"

噗噗拍了拍胸口："还好神奇飞车不怕腐蚀，否则我们就都要变成牛的营养物质了！"

碳博士听到噗噗的话又笑了起来："我们已经参观完了牛的四个胃，接下来，就该从牛身体里出去啦！"

就算已经做了一会儿心理准备，噗噗还是不愿意这样出去，抱头哀嚎道："我可不想从牛屁股里出去啊！"

碳博士哭笑不得，无奈地摇了摇头："那我们赶快原路返回吧，到外面去帮忙！"碳博士操控神奇飞车调头，缓慢地往回行驶。

几分钟后，他们又重新返回了瘤胃，神奇飞车在瘤胃里静静地待了一会儿，突然，一股强烈的震动将它往前推，碳博士提醒道："坐稳了！牛开始反刍了！"

噗噗赶紧坐直、扶住把手，随着神奇飞车冲出牛嘴，一道刺眼的光芒袭来，三人不约而同闭上了眼睛，再睁开眼时，神奇飞车已经回到了牛棚。

如何减少畜牧业的碳排放

在碳博士的操作下，神奇飞车很快恢复了正常的大小。噗噗走出飞车，踩着脚下踏实的土地，长舒了一口气。

回过头，把他们吞进肚子里的那头牛还在埋头吃草，噗噗兴奋地和碳碳击掌："总算出来啦，闯关成功！"

"终于出来了，但哞哞岛碳排放量高的原因还是没有找到。我们快去看看刚刚那声爆炸声是什么吧！说不定能找到一些思路！"碳碳忽然想起在变小时听到的爆炸声，急忙对着碳博士说。

三人急忙乘着神奇飞车赶往爆炸的地方……

一到爆炸点，碳碳和噗噗就惊呆了，整个牛场完全倒塌了，小牛和人们大都只敢围在外面。

突然，碳碳指着牛场内说："你们快看，是甲烷！它们怎么会在这里？"

在碳碳的指引下，噗噗也发现了不寻常的地方，原本在牛胃中的甲烷，大量聚集在爆炸的厂房中。

碳博士看似无意地说："我记得甲烷是可燃气体哦，遇到火会燃烧的。"

"我知道了，我知道了！一定是小牛们通过打嗝放屁，把胃里的甲烷都排了出来，由于牛太多，产生了大量的甲烷，遇到火就发生了爆炸！"噗噗经过碳博士的提醒，马上明白了其中的原因。

碳博士笑了笑："说的没错！牛在消化、反刍草料的过程中，都会排出大量的温室气体。哞哞岛有这么高的碳排放量，这些牛可谓'功不可没'。"

噗噗听后，疑惑道："可是反刍动物有很多呀，为什么不是羊呢？"

碳博士笑了笑，继续解释道："与其他很多反刍动物相比，牛的体积大、吃得多，相应地就会排放更多温室气体。关键是，哞哞岛上的居民尤其爱吃牛肉、偏好一切由牛皮制成的物品，因此他们养殖了大量肉牛、奶牛。所以'牛放屁、打嗝'的问题，在这里就显得尤为严重。"

噗噗恍然大悟，接着又面露难色："那可怎么办呀，我们总不能不养牛吧！我们还想吃牛肉呢！"

碳博士想了想，说："有了！我们可以建议牧场主采用更环保的草料，这样会适当减少碳排，一举多得！"噗噗听后开心地拍手："太好了！我们快去找牧场主告诉他爆炸原因和解决方法吧！"

碳博士带着噗噗和碳碳又找到了牧场主，碳博士耐心地向牧场主解释了原因，接着还给牧场主提供了建议——调整牛的饮食结构，合理搭配牛的一日三餐，还可以在饲料中使用环保的添加剂，从而减少牛打嗝、放屁产生的甲烷量……

听完碳博士一番专业的发言，碳碳和噗噗也不禁鼓掌。噗噗一脸佩服地望着碳博士赞叹道："不愧是碳博士，什么都知道！"

"还有还有，一定要给牛场通风，把一个厂房的牛数量减少一点，要不然，就算没有发生爆炸，牛也会被彼此的屁熏到的，说不定牛肉也会变臭。"说完噗噗一想到这个场景，就赶紧捂住鼻子，嫌弃地晃了晃脑袋。

听到噗噗孩子气的发言，大家忍不住哈哈大笑。

出乎意料地，牧场主格外通情达理，虚心接受了建议，表示马上就安排工人购买新型饲料，调整厂房里的布局。

看到一车车新型饲料运进牧场，噗噗和碳碳欢呼起来。疑惑解除后，低碳三人团也驾驶着神奇飞车，告别哞哞岛。

"接下来，我们要去哪里呢？"噗噗和碳碳趴在车窗前，一脸憧憬。

"双碳世界的各个岛我们已经去得差不多了，也是时候回城市岛看看了。"听到碳博士的话，噗噗兴奋起来："好！城市岛，我们回来了！"

第七章　重返城市岛

恢复生机的城市岛

低碳出行之公共交通

噗噗一行人回到了城市岛，一着陆，就被眼前的景象惊呆了。不过百余天的时间，城市岛的环境已改善许多：柔和的阳光洒在茂密树木的枝叶间，空气中沁润着一股清香，绿草如茵，鸟语花香，处处散发着生机和活力。

噗噗："城市岛终于恢复生机了，看来新能源部长的政策很有效啊！"

碳碳："我已经迫不及待地想要看看，城市岛的新生活是怎样的了。"

碳博士："那就坐好咯，我们向市区进发啦！"

碳博士刚准备启动神奇飞车，就被一名交警拦下："先生打扰一下，根据城市岛最新绿色法规，为保护环境、减少排放，城市岛境内不允许任何私人交通工具的使用，违者必罚，请你们即刻下车，选择绿色出行方式出行。"

闻言，噗噗三人面面相觑，充满了疑惑，但法规当前，他们也只有遵守规定，交了罚款，停放好神奇飞车，步行前往市区东部的居民区。

"没有私家车之后，街道空旷了好多啊！"

"人们的出行方式，都变成了乘坐公共交通工具、骑自行车或者步行，大家的生活方式真的环保了好多。"

三人一路上边走边看，不断感叹城市岛发生的巨大变化：城市中央建起了很多太阳能发电装置，远处的山坡上还能看到漫山遍野的风车，原来太阳能、风能发电代替了之前的火力发电；城里四处张贴着"节能减排一小步，城市环保一大步"的标语，向人们宣传着环保知识。

看着这个焕然一新的城市岛，噗噗一行人不禁露出了欣慰的笑容。

恼人的绿色法规

低碳与衣食住行

　　到达市区后，三人便分开了。噗噗回到了家中，准备回归日常生活；碳碳与碳博士则回到了城市岛研究所，打算运用这一路上收集的数据、经历的故事展开进一步研究。为了便于联系，碳碳与碳博士将对讲机留给了噗噗。

　　噗噗扑倒在床上，看着窗户外蓝蓝的天空，开心极了。"真好！我终于在城市岛看见了这样美丽的天空。"

　　"噗噗，吃晚饭啦。"

　　"来了！"

　　噗噗跳下床，兴奋地往餐桌跑去，心想妈妈一定给我准备了很多很多好吃的。

　　"咦？妈妈，我的番茄牛腩呢，我的红烧牛肉呢，怎么都没有？"噗噗看着饭桌上一盘盘蔬菜中，只零零星星躺着几块肉，顿时失落了起来。

　　妈妈无奈地解释道："根据最新的绿色法规，现在每家每户对肉类的食用量都有限额，需要凭统一发放的肉票才能去领，更别提牛肉了，这可是大禁！"

"最新的绿色法规……"噗噗回想起了进城被拦时，交警的话，生起气来，"怎么又是绿色法规！"

爸爸摸了摸噗噗的头，安慰道："都是为了城市岛的绿色环境建设，我们大家都一起忍忍吧。爸爸的小汽车不也放在车库里落灰，不再使用了吗。"

噗噗心里闷闷的，胡乱扒了两口饭，便下了桌准备看看动画片。"妈妈，电视机呢，咱家客厅的电视机怎么不见了？"

妈妈解释道："因为新绿色法规规定，不允许使用高耗能电器，所以电视等许多电器都不能用了。我们干脆把电视堆在储物室里了。"

听到这些话，噗噗直接呆在了原地。还来不及反应，突然噗噗眼前一黑，什么也看不见了。"发生了什么事情，怎么这么暗！"

爸爸走过来，抱起了噗噗："噗噗别怕，停电了而已，因为现在新能源发电的供电量还不稳定，所以城市岛现在每晚九点就会断电。乖，明早就来电了，咱们早点休息吧。"

噗噗躺在床上，瞪着眼睛盯着天花板，根本睡不着。"到底是哪里出了问题？明明城市岛的环境变得这样好了，我却过得并不是很快乐呢？"

噗噗越想越不明白，于是拿出对讲机呼叫起碳碳和碳博士，可接通后对面便传来一阵嘈杂的声音，似乎也遇到了麻烦……

"你们不能收走我的超级电脑，我还需要用它分析数据呢！"碳博士的声音传来，听起来语气很激动。

"发生什么事情了？"噗噗问道。

碳碳向噗噗解释道："我们回到研究所后，便开始运行超级电脑。但按照新绿色法规规定改造后的供电量，根本无法支持超级电脑的使用，我们的研究已经被迫中断好几次了。"

"怎么会这样，那碳博士为什么听起来这么气愤呢？"

碳碳继续说道："因为刚刚有一群环保警察找了过来，声称我们的设备是超高耗能，严重影响了环保建设，要收走碳博士的超级电脑，这才起了争执。"

噗噗听到那边争吵声不断。

"超级电脑在分析的是碳减排和固碳数据，我得出的研究成果，也能为城市岛的环境建设做贡献啊！你们怎么就不懂变通呢？"

"可是根据新绿色法规，高耗能的设备就必须停止使用，所以我们今天一定要带走它！"这句话说完，噗噗听到了破门而入的声音，然后一阵乒乒乓乓、丁零当啷，最后渐渐归于平静。

碳博士重重地叹了口气，对另一头的噗噗说道："想必你这么晚了联系我们，也是意识到情况不对劲了吧？看来，我们需要集中调查一番了。"

尽管碳博士看不见，噗噗还是重重点了点头："没错，情况似乎变得糟糕起来，我们明天汇合吧。"

第二日，碳博士和碳碳前往居民区与噗噗汇合，还没到目的地，碳博士就听到周围传来刺耳的声音，原来是广播在滚动播放新绿色法规：

第一条，为节约能源，每天晚上九点之后全岛强制停电；

第二条，全岛境内不允许私人驾驶交通工具，请大家步行或乘坐公共交通出行；

第三条，全岛严禁牛的养殖；

第四条，每户必须凭票购买肉类食品，每周每户限额一斤；

……

上述规定岛内所有居民必须严格遵守，一旦发现违反者，重重惩罚。

听着广播，碳博士和碳碳双双摇头叹气。走着走着，他们突然发现小区休闲广场上聚集了好多人。"走，我们去看看发生了什么事。"

人群激动地讨论着什么。

"新能源部长将所有火力发电厂无限期关闭了，害得我失业了！"

"那些禁牛肉、禁除棉麻材质以外所有衣物生产的破规定，导致好多工厂都被迫关闭了，我们根本找不到工作，生活也没有以前丰富了！"

"我家小区每天晚上都强制停电，安全根本得不到保障，我家已经被盗两次了！所谓的绿色法规，已经严重影响了我的正常生活！"

"不仅是生活，整个城市岛的经济发展也受到了很大影响，环境确实一天比一天好，但我们就要完全放弃发展，过原始人一样的生活吗？"

···········

"这让我们的生活变得不好了。"——这似乎成为大量居民的共识。

听着大家的倾诉，碳博士若有所思：城市岛的环境已经变得非常好了，人们的生活却变得不快乐了。虽然新绿色法规制定的初衷，是为了让城市岛的环境变得更加绿色环保，但采取的措施都太偏激了，已经给人们的生活造成了负面的影响。

看着跑过来的噗噗，碳博士说道："看来我们是时候去能源部长那里走一趟了。"

噗噗点点头，并汇报了最新消息："我刚过来的时候，还听见人群在偷偷商议，在后天的城市岛绿色发展颁奖典礼上，会有大批对能源部长不满的市民聚集，试图引发暴乱，破坏掉那场颁奖典礼。"

"看来我们需要加快速度了。"

新能源发电

太阳能板发电的原理

城市岛绿色发展颁奖典礼

新能源发电的不稳定

三人来到环保大厦门前，发现这里的情况同样不乐观，一大群举着抗议牌的人，将环保大厦的门堵得死死的。人群很激动，丝毫没有要停止、离开的意思，环保警察们只好先护着噗噗三人跑进了环保大厦。

"这究竟是怎么回事？"见到警督长之后，碳博士问道。

警督长叹一口气，无奈说道："最近，来环保大厦附近抗议的人越来越多了，唉，能源部长其实也不容易，他只是想让大家的生活环境变得更好，让大家过得更幸福，只不过好像有越来越多的人不支持我们了……他们还集体罢工、停产，整日整日地堵在环保大厦前。"

"所以警督长，我们需要马上面见能源部长，我们有办法。"碳博士说道。

警督长还在犹豫："可现在能源部长在准备后天的颁奖典礼，估计……"

噗噗急切地打断了警督长的话："是颁奖典礼重要，还是城市岛的和谐发展重要呢？快点吧，时间来不及了！"

闻言，警督长沉默了，思考一会儿后将三人带到了能源部长的办公室。

推开门，就见能源部长正愁眉不展地独坐在办公桌前，对着堆积成山的书籍文献，嘴里不停念叨着："书上明明都写着，环境变好了，人们就会感到开心，所以到底是哪里不对呢……"

"先生，碳博士他们来了，他们说有帮助城市岛解决困境的办法。"

能源部长听到警督长的话，立刻起身向碳博士示意，并邀请众人坐下。"碳博士，太好了！您终于回来了，所以您能告诉我，我到底应该怎样做吗？"

"我们只是想向您提出一些建议，希望可以帮助城市岛。"碳博士缓缓说道，"您上台之后就过度严格地执行了低碳环保的政策，关闭了所有高碳排放的工厂，甚至管控着人们日常生活的碳排放。这样虽然让环境问题得到改善，却给人们的生活带来了很大的不便。我们走访了许多城市岛居民，大家都对这样的政策很不满意。"

"但是城市岛的污染问题实在是太严重了，如果不采取有力的措施，很难解决啊。"能源部长叹着气解释道。

"可是，"噗噗突然开口说道，"老师教过我们——'欲速则不达'呀，解决环境污染问题也是要慢慢来的！"

碳博士向噗噗投去赞赏的目光："噗噗说得对，哪怕面对如此严重的环境污染问题，也要遵循循序渐进的原则，这才是最好的解决方法。"

"你们说得对，只是……"能源部长还在纠结着。

"其实，经过我们的研究和测算，适当放宽政策是不会造成环境恶化的。"碳博士拿出一份研究报告递给能源部长，"环境本身具有一定的自我净化能力，只要我们有序进行发展，在环境的承受范围内进行碳排放，环境保护与经济发展是可以协调共生的，这才是真正需要我们努力的方向。"

听到这话，能源部长陷入了沉思，许久之后，他露出了笑容："我好像知道该怎么做了！"

听到这话，噗噗和碳碳激动地拥抱在了一起。

碳博士也欣慰地点点头，并从背包里翻出了一个装置和另一份报告交给能源部长："这是我研发的二氧化碳固定装置，让工厂安装在排气口，就可以大大减少二氧化碳的排放量了。这里是我整理出来的碳排放数据，希望对城市岛未来的发展有帮助。"

送走低碳三人团后，能源部长重拾信心，坐回办公桌前，奋笔疾书起来。

两天后，城市岛绿色发展颁奖典礼现场，人潮涌动，不时传来居民们抗议的声音。

伴着奏乐的声音，能源部长缓缓走上了颁奖台："城市岛的居民们，大家好！在颁奖开始前，我想先做一个自我反省。"

听到这话，台下的居民们渐渐安静下来。

"自我上台以来，采取了许多严苛的减排措施，虽然在环境改善上起到了很好的效果，却对大家的生活、对城市岛的发展带来了负面影响。在这里，我为之前的

错误向大家道歉。"说着，能源部长向台下深深鞠了一躬，

　　"采纳居民们的宝贵建议之后，我们紧急进行商议讨论，并决定对环保法规进行优化调整。先说大家最关心的停电问题，完成减排技术升级的火力发电厂将恢复工作，清洁能源的生产技术水平也将进一步提高，每晚九点的强制停电规定取消，其余规定也将陆续向大众发布！"

　　能源部长的话音一落，人群爆发出巨大的欢呼声："太好了！我们终于可以正常生活了！"

　　等到居民们渐渐平静下来，主持人走上舞台，准备宣读颁奖词，能源部长却抢过了他的话筒，说道："今天颁发的这个'城市岛特殊贡献奖'，我希望把它颁发给在场的每一位居民，城市岛发展到今天离不开大家的努力，我们每个人都对城市岛有着独一无二的贡献，也希望大家可以继续为了城市岛的明天一起加油！"

　　台下彻底沸腾了，一时间，快乐的欢呼声响彻了城市岛上空，人群中的低碳三人团也忍不住开心地大笑起来。

　　噗噗抬头看着湛蓝的天空，不禁感叹道："协调发展，和谐共生，这才应该是城市岛最好的样子。"

未来的城市岛

碳达峰与碳中和的奥秘

几年后。

"唔……"噗噗睁开了眼睛，感觉头还有点疼，环顾四周，竟发现自己身处在一个完全陌生的地方—— 一个巨大的花园里。而碳博士和碳碳，倒在不远的地方，还没有苏醒。

"碳博士，碳碳！快醒醒，快看，这是哪里啊？"噗噗赶紧爬上前去，将碳博士的身体翻了过来，使劲摇晃着。"别摇啦！快放过我这把老骨头吧！"碳博士虽然醒了过来，但是被噗噗摇得头晕，缓了好久才彻底清醒过来。

"这是哪里啊，我们不是在研究所里吗？"碳碳也嘟嘟囔囔地爬起来，"怎么突然到了这里，难道……难道是虫洞实验成功了？"

"没错，实验成功了，我们来到了未来！"碳博士站起来拍拍身上的灰，环顾四周后说道。

"这里就是，未来的城市岛？"噗噗和碳碳不禁发出惊叹。

"谁？是谁在那里！"一个穿着白色大褂的年轻女人从屋内走出，清秀的面庞上挂着两个淡淡的黑眼圈，微卷的头发来不及打理，随意地披散在肩上。碳博士望着走来的人影，依稀觉得这是他的学生："小希，是你吗？你长大了啊……还来到了未来的城市岛……"

年轻女人听到熟悉的声音，看着熟悉又年轻的面孔，震惊了几秒钟，恍然大悟后又笑了起来："碳博士！能再见到年轻的您真是太棒了！看来您的虫洞实验终于成功了！恭喜您！"

碳博士明白了过来，看着穿着白色大褂的小希，开心地说："真的是未来的小希啊！我真为你感到高兴！你终于实现梦想，成为了研究所的一员！"

年轻女人点点头，开心地笑了。然后，她笑眯眯地看着噗噗和碳碳，说道："两位小朋友，让我自我介绍一下。我是小希博士，是碳博士的学生，现在是环境研究所的特派研究员，来城市岛进行科学研究，很高兴在这里遇见你们。欢迎大家来到未来。"

"未来的城市岛是什么样子的呢？"噗噗不禁好奇起来。

"先进屋子休息一下吧。"小希博士发出了邀请。

"好漂亮的房子！"低碳三人团踏进小希博士的住所后，惊讶地喊道："房子还会变色啊！"

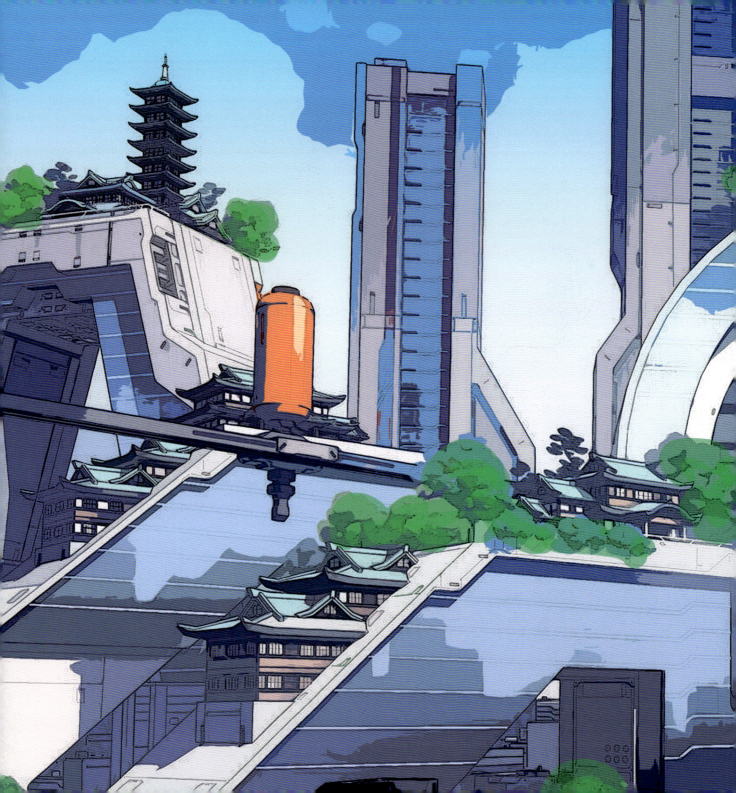

　　"这是因为墙体表面的特殊涂料。"小希博士笑着说道，"这种涂料从不同角度看是不同的颜色，可以让房子看起来更美观，而且它还能在白天储存太阳能，并在夜间发出荧光，减少照明能耗。"

　　"好神奇的涂料！"噗噗和碳碳异口同声地感叹。

"不仅如此，"小希博士补充道，"建筑的背面通过漫射太阳光培育了绿色屋顶植被，北向漫射光还能为室内提供自然的采光照明呢。"

客厅里，AI 智能管家为他们倒好了茶水。无意中，碳博士瞟到了茶几上一沓厚厚的资料——"遥感测碳方案"。"原来，在未来，遥感技术已经广泛应用于监测碳的排放量。"

小希博士拿起方案，自豪道："没错，现在遥感测碳技术还能够帮助公司更好地开发碳市场、进行碳交易，有效促进碳中和目标的实现。"

"太神奇了！我迫不及待地想要去城市里逛一逛了。"噗噗和碳碳难以抑制住内心的兴奋。

"那不如就由我带着大家，游览一下未来的城市吧。"小希博士牵起噗噗和碳碳，引着碳博士，坐上了无人驾驶汽车。碳碳和噗噗使劲扒着窗户，好奇地看着窗外的风景。

两旁的大厦高耸入云，楼顶的花园充满生机，道路两旁的绿植郁郁葱葱，空中高速上，来往的清洁能源汽车川流不息。

"哇！未来的城市岛也太美了吧！"噗噗不禁发出感叹，她突然想到了以前逛街的时候，总被建筑玻璃反射的阳光刺痛眼睛，便询问道："为什么今天阳光这么灿烂，我却没觉得刺眼呢？"

"真是个好问题。"小希博士笑着解释道，"现在城市岛所有大厦的落地窗，可都是由光伏玻璃制成的，在白天的时候，它们能很大程度地吸收太阳的能量，并且储存起来；到了晚上，这些能源便可以提供给大厦继续使用。不仅实用，还能大大减少光污染！"

"所以你们猜，我们的车窗是用什么做的？"

"光伏玻璃！"噗噗大声说道，"这题我会，光伏玻璃可以吸收太阳光，转化成汽车的能源！"

"不仅如此，这辆车的车身还安装了太阳能发电板，可以实现太阳能到电能的转化，这样我们就可以大量减少石油的燃烧使用，所以现在城市岛的人们，都是绿色出行。"

"咕……咕咕……"

突然，噗噗和碳碳的肚子同时发出了声音，两人不好意思地低下了头。

"那我们去吃个饭吧？"小希博士笑道，这个提议得到三人的大力赞同。

汽车停在了一家颇具设计感的餐厅门口。

碳博士一行人进入餐厅，发现餐厅的天花板如同倒悬着的起伏山峦，而这些装饰品都是由废弃的饮料瓶和酒瓶制作的。除此之外，椅子和桌子也都是由工业废弃物回收制成的，形状各异。

小希博士给三人推荐了几份素肉食物："这是现在城市岛最受欢迎的食物，快尝尝吧。"

"哇！它的口感，和真的肉一模一样！"

"味道也很鲜美！"

服务员向他们介绍道："素肉食物中的营养物质十分丰富，同时制作过程中的碳排放量也很少。"

就在大家聊得正开心的时候，碳碳不小心把汤汁溅到了小希博士身上，碳博士赶紧站起来给小希博士擦拭衣服。"没关系的。"说着，小希博士旋转了一下袖口的纽扣，衣服立马变干净了。在看到碳碳惊讶的眼神后，小希博士解释道："现在，城市岛居民的衣服都是高科技产品，可以自动变温和降解污渍，还能自由变换样式呢。这样，就减少了衣物的加工、生产及消耗。"

低碳三人团不禁竖起大拇指："看来未来的城市岛，已经找到了协调发展的办法，我们也是时候回去了，不然就赶不上双碳世界的'双碳发布会'了。"

碳市场和碳交易

人造肉的秘密

如何践行低碳生活

双碳发布会

　　一番操作下，低碳三人团顺利回到了现实世界。一回到研究所，噗噗、碳碳、碳博士便马不停蹄地往"双碳发布会"会场赶去。"我已经迫不及待地想要见到朋友们了——珍珍公主、木木市长、小林还有牧场主！"噗噗和碳碳兴奋极了。

　　原来，在低碳三人团的推动下，双碳世界里的各个岛之间建立了友好合作关系。近几年来，大家交流低碳成果、互相学习低碳方法，并决定在今天聚在一起，通过发布会宣布新的《世界双碳协议》。

　　"快点！发布会快开始了。"低碳三人团推开会场的大门，便看见小林作为森林岛的代表已经站上讲台。他拿起话筒："大家好，我是来自森林岛的小林。森林作为'地球之肺'，帮助我们调节气候、净化空气，所以我们一定要守护好它！从植树造林、退耕还林等大事，到不乱扔垃圾、不使用明火、节约纸张、拒绝一次性筷子等力所能及的小事，都是我们为实现'双碳'目标，所能做的事情。"

小林的发言获得了台下雷鸣般的掌声。接着珍珍公主接过话筒："我是海洋国的代表，珍珍公主，很高兴今天站在这里，为大家做分享。海洋作为地球上最大的活跃碳库，储存了双碳世界 93% 的二氧化碳，同时每年还能吸收大量的二氧化碳等温室气体。但这并不意味着我们可以肆意生产，因为，当海洋吸收的二氧化碳超过它的承受能力的时候、当海洋的生态环境被破坏了的时候，都会直接给我们的生活带来灾难。所以，保护海洋——减少塑料制品使用、拒绝捕杀和消费珍稀海洋生物、保护海滩环境、支持海洋保护组织的工作等，就是在为实现'双碳'目标做出贡献！"

"说得太好了！珍珍公主你真棒！"噗噗和碳碳在台下兴奋地为珍珍公主欢呼，"快点！木木市长，快讲几句！"

在大家的催促下，木木市长站上讲台："我是来自草原岛的木木市长，我想先带来一个好消息，在大家的共同努力下，草原岛的生态环境已经逐渐恢复了过来。而且，我们深刻地明白了，石油是珍贵的资源，但我们不能过度开发、不能不加限制地使用，以免破坏维护我们生态安全、防风固沙的草原。我们也需要和动物们和谐共生，保护生物多样性。"

"没错，因此我们也会努力保护哞哞岛上的草原，在轮牧、休牧、禁牧等措施下，进行科学放牧。"哞哞岛的牧场主顺着木木市长的话语，继续补充道，"双碳世界有 15% 左右的碳排放量都来自畜牧业，这比各种交通工具排放的总量都多，所以我们会采取方法减少碳排放量，也会采取先进手段，让这些气体得到有效利用！"

　　这时，讲台上的众人相视一笑，齐声介绍道："我们必须还要特别感谢三个人——噗噗、碳碳还有碳博士！是他们的坚守，才有了现在环境优美的双碳世界。"

　　碳碳和碳博士对视一眼，便达成共识，一把将噗噗推上了讲台。反应过来的噗噗，脸蛋红扑扑的，她看着台下的朋友们，开心极了："我是噗噗。很幸运，我实现了让城市岛的天空恢复成蓝色的梦想；也很幸运，我遇到了碳碳、碳博士，还有大家。一场场的经历，让我成长了很多。我将把这些知识转变成我的行动，节约一度电、节省一升油、节流一滴水、节用一张纸……我相信，这些看似微小的事情，当大家都践行的时候，一定能产生巨大的能量！朋友们，双碳世界是我们共同的家园，我们一定要共同守护！"

后 记

行文至此，低碳三人团的冒险之旅就告一段落了。

如同旅程中那一段段曲折的故事，本书的创作也经历了漫长而又艰辛的过程。从故事大纲到角色创造，从情节填充到插图绘制，这一路上我们得到了很多的鼓励。感谢学校党委书记赵德武教授，党委副书记、校长李永强教授对实践育人工作的重视及对团队成长的关心；感谢西南财经大学能源经济与环境政策研究所陈建东教授及其团队对本书知识框架搭建的学术性指导；感谢西南财经大学出版社社长冯卫东教授、策划编辑何春梅、责任编辑周晓琬、插画绘制及装帧设计星柏传媒、责任校对肖翀对本书出版工作的辛苦付出；感谢子杉录音棚对语音包录制的帮助；感谢参与"试读计划"的所有小读者和大读者，感谢他们给予的意见、建议和积极反馈……最后还要感恩我们整个团队——一群眼里有光、心里有爱的西财师生，为着一个共同的梦想，怀揣着对"双碳"科普教育的热情与信念，借着"青少年财经素养教育实践课程"的平台和机遇聚在一起。因着以上种种，低碳三人团的旅程才得以顺利启航。

带着许许多多小读者的期盼，我们用严苛的标准去斟酌书中的一字一句，想要将我们脑海中对于故事最好的演绎和对于知识最完美的解读融入并展现给大家；我们用较真的态度反复修改插画细节，尽力把在创作时构想的奇妙世界还原给大家。历经一年半的准备，如今，我们终于把这份礼物呈现出来，希望噗噗、碳碳和碳博士可以陪伴大家走过成长过程中的一段路，一起去认识自我、发现更大的世界。

在这本书里，我们将自己的祝福蕴藏其中，希望小读者可以通过一个个探险故事养成低碳生活的习惯，做"双碳"战略的宣传者、践行者；希望绿色创新的理念可以在小读者心里埋下一粒种子，在未来的日子里发芽、生长，去帮助他们成长为未来的国之栋梁，去建设更美好的新世界；希望不只有我们，还有更多期望推动青少年"双碳"科普教育发展的人，可以成为孩子们人生中的"碳博士"，助力新生代的茁壮成长，去迎接属于他们的崭新未来。

故事伴随着低碳三人团回到城市岛已然落下帷幕，但我们知道在那个世界里仍有许多像森林岛的小林、草原岛的木木市长、海洋国的珍珍公主和城市岛的能源部长一样的人，他们在为了自己心目中理想的绿色家园而奋斗、拼搏。我们也不会止步于此，我们将继续怀揣着打造"有价值、能启发、贴时事、富趣味的'双碳'科普内容"的理念不断前进，秉持科学严谨的态度和对世界充满好奇的探索激情继续我们的旅程。希望在未来，我们可以为大家带来更具吸引力和更加多元化的科普内容，让大家一起继续探索神奇的双碳世界、探索未来的更多可能性。

亲爱的读者们，感谢你们读到这里，我们下一段旅程，再见。

共青团西南财经大学委员会

西南财经大学青年志愿者协会

2023 年 3 月

图书在版编目(CIP)数据

一"碳"究竟:双碳世界奇遇记/共青团西南财经大学委员会,西南财经大学
青年志愿者协会著.—成都:西南财经大学出版社,2023.8
ISBN 978-7-5504-5820-8

Ⅰ.①—⋯ Ⅱ.①共⋯②西⋯ Ⅲ.①幻想小说—中国—当代 Ⅳ.①I247.5

中国国家版本馆 CIP 数据核字(2023)第 106792 号

一"碳"究竟:双碳世界奇遇记
YI "TAN" JIUJING:SHUANGTAN SHIJIE QIYUJI

共青团西南财经大学委员会   著
西南财经大学青年志愿者协会

策划编辑	何春梅
责任编辑	周晓琬
责任校对	肖 翀
装帧设计	星柏传媒
插 画	星柏传媒
责任印制	朱曼丽
出版发行	西南财经大学出版社(四川省成都市光华村街 55 号)
网 址	http://cbs.swufe.edu.cn
电子邮件	bookcj@swufe.edu.cn
邮政编码	610074
电 话	028-87353785
印 刷	四川新财印务有限公司
成品尺寸	210mm×210mm
印 张	9.2
字 数	139 千字
版 次	2023 年 8 月第 1 版
印 次	2023 年 8 月第 1 次印刷
印 数	1— 5000 册
书 号	ISBN 978-7-5504-5820-8
定 价	48.00 元